软件技术系列丛书

普通高等教育"十三五"应用型人才培养规划教材

U0296793

HTML5 静态网页设计

主　编　曹小平　　杨　东

副主编　李宗伟　张书波　龙　熠

参　编　程　静　梁　琰　熊　辉

　　　　陈　凤　苏　华　谭晓渝

西南交通大学出版社

·成　都·

内容简介

本书结合最新的 HTML5 网页设计技术，采用项目引导、任务驱动的编写方式，由浅入深、循序渐进全面系统地介绍了 HTML5 静态网页设计的方法和工具，以及详细步骤。

全书分为八个项目，主要内容包括网页基础，网站策划，网站管理，网页文本修饰与段落修饰，图像处理与排版页基础，超链接与网页跳转，列表与表格，媒体与表单。各个项目针对性强，各任务贴近实际。

本书可作为高职高专院校相关专业网页设计教材，也可作为 Web 前端开发人员、网页设计初学者、网站建设人员的参考用书。

图书在版编目（CIP）数据

HTML5 静态网页设计 / 曹小平，杨东主编. —成都：西南交通大学出版社，2018.9
（软件技术系列丛书）
ISBN 978-7-5643-6457-1

Ⅰ.①H… Ⅱ.①曹… ②杨… Ⅲ.①超文本标记语言 –程序设计 Ⅳ.①TP312.8

中国版本图书馆 CIP 数据核字（2018）第 223224 号

软件技术系列丛书
HTML5 静态网页设计

主编　曹小平　杨 东

责任编辑	黄庆斌
特邀编辑	刘姗姗
封面设计	墨创文化

出版发行	西南交通大学出版社 （四川省成都市二环路北一段 111 号 西南交通大学创新大厦 21 楼）
邮政编码	610031
发行部电话	028-87600564　028-87600533
网址	http://www.xnjdcbs.com
印刷	成都中永印务有限责任公司

成品尺寸	185 mm×260 mm
印张	9.75
字数	244 千
版次	2018 年 9 月第 1 版
印次	2018 年 9 月第 1 次
定价	29.00 元
书号	ISBN 978-7-5643-6457-1

课件咨询电话：028-87600533

前　言

HTML5 不再只是一种标记语言，它为下一代 Web 提供了全新的框架和平台。本书根据计算机相关专业人才培养的需要，按照高职院校对学生网页设计与制作的相关要求，以项目和任务为载体，以"实用、好用、够用"为原则编写而成。全书共包括八个项目，33 个任务，具有内容知识连贯，逻辑严密，实例丰富，可操作性强的特点。每一个项目都注重实战，贴近实际，具有很强的实用性，由浅入深地展示了 HTML5 的特性。

本书由曹小平（重庆科创职业学院）、杨东（重庆科创职业学院）担任主编，并与陈印（四川职业技术学院）、洪喜（重庆微营佳科技有限公司）、牟海云（重庆市步联科技有限公司）共同负责全书大纲的制定以及全书内容的审稿统稿工作，由杨东（重庆科创职业学院）、程静（重庆科创职业学院）、谭晓渝（重庆科创职业学院）负责校对、排版等工作。具体内容编写分工为：龙熠（重庆科创职业学院）、陈凤（重庆科创职业学院）负责编写项目一、项目二；杨东（重庆科创职业学院）、梁琰（四川职业技术学院）负责编写项目三、项目四；李宗伟（重庆科创职业学院）、苏华（重庆科创职业学院）负责编写项目五、项目六；张书波（重庆科创职业学院）、熊辉（四川职业技术学院）负责编写项目七、项目八。

本书是编者多年从事网页设计的经验和感受的总结，书中部分素材选自互联网，仅供读者学习与参考，在此向原作者一并表示感谢。由于时间仓促，加之编者水平有限，书中难免会有疏漏与不妥之处，敬请广大读者批评指正，不吝赐教。

本书配套有电子教案与课件，如有需要，可联系我们获取，E-mail:caoxiaoping@163.com

编　者

2018 年 4 月

目　录

项目一 网页基础

【项目简介】

网络技术飞速发展的今天，网页已经无所不在。不论个人还是企业，不论商业还是娱乐，借助网页介绍自己的产品信息，通过网络在网页上查看商品甚至购买，都已经成为一种时尚。网页和网站成为当今不可缺少的展示和获取信息的来源。那么，网页是什么？网页包含哪些知识？网页的技术支持有哪些？本项目将对相关内容做概要介绍，主要包括网页的基本术语，网页中的基本元素，网页设计的基本方法和工具等。

【学习目标】

（1）了解什么是网站和网页。
（2）了解什么是静态网页和动态网页。
（3）掌握创建网页的基本方法。
（4）掌握发布网站的基本方法。

任务一　认识网站与网页

一、任务描述

随着互联网时代的到来，网络已经完全融入人们的生活中。在网络中，企业和个人通常会使用网站展示自己。因此精美的网页设计，对提升企业和个人形象至关重要。越来越多的个人和公司开始制作网站，各式各样的网站如雨后春笋般出现在互联网上。但是要制作一个优秀的网站并非易事，首先要进行网页的设计，然后进行网站的制作，所以了解和掌握一些网站设计的基础知识和概念是必需的。

二、实施说明

本任务先赏析一下个人网站、企业官网等网站主页，掌握网页设计的基本知识。文中主要内容包括网页、网站、主页的概念，网页常用术语，常用网页设计软件，HTML 标记语言等。通过本任务学习，掌握网页设计的基础知识。

三、实现步骤

（一）什么是网页

网页（Webpage）是一个用来存载各种多媒体信息的文件，是网站中的一"页"，它存放在某一台与互联网相连接的计算机中。它是一个纯文本文件，是向访问者传递信息的载体。同时，它以超文本和超媒体为技术基础，采用 HTML、CSS、XML 等语言来描述组成页面的各种元素，包括文字、图像、音乐等，并通过客户端浏览器进行解析，从而向浏览者呈现网页的各种内容。网页如图 1-1-1 所示。

图 1-1-1　网页示例

（二）什么是网站

网站（Website）是指在互联网上，根据一定的规则，使用 HTML 等工具制作用于展示特定内容的相关网页集合。将具有相互关系的多个网页链接成一个有机整体，就组成一个网站。网站的首页不仅是网站门户，也是引导浏览者浏览网站详细信息的向导。网站和网页关系如图 1-1-2 所示。

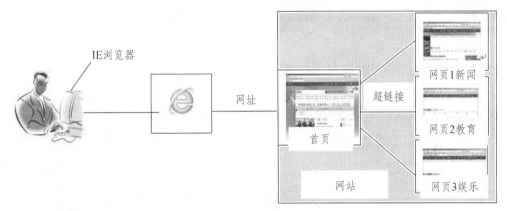

图 1-1-2　网站和网页

网站按照内容可以分为门户网站、个人网站、专业网站、职能网站等几类。

（1）门户网站：通常是指涉及领域较为广泛的综合性网站，如百度、新浪、网易等。门户网站示例如图 1-1-2 所示。

图 1-1-3　门户网站

（2）个人网站：通常是指一些由个人开发制作的网站，这类网站在内容和形式上具有较强的个性，主要用于宣传自己或展示个人兴趣爱好等。个人网站示例如图 1-1-4 所示。

1-1-4　个人网站

（3）专业网站：专门以某个主题为内容。专业网站示例如图 1-1-5 所示。

图 1-1-5　专业网站

（4）职能网站：通常指一些公司为其产品进行介绍或对其所提供服务进行说明而建立的网站。职能网站示例如图 1-1-6 所示。

图 1-1-6 职能网站

（三）网页的构成元素

网页主要由文本、图像、动画、表格、声音和视频等基本元素构成，下面分别对这些元素进行介绍。

1. 文本

文本是网页上最重要的信息载体与交流工具，网页中的主要信息一般都以文本形式为主。与图像网页元素相比，文字虽然并不如图像那样容易被浏览者注意，但是却包含更多的信息，并更能准确地表达信息的内容和含义。网页文本内容示例如图 1-1-7 所示。

图 1-1-7 网页文本

2. 图像

相对文本来说，图像丰富的色彩和图案可以带给人们强烈的视觉冲击，表达信息的方式更直观形象，可以使人们更容易接受网页中的内容和思想。网页中常使用 GIF、JPEG 和 PNG 等多种文件格式的图像，目前应用最广泛的图像文件格式是 GIF 和 JPEG 两种。一个包含图像的网页示例如图 1-1-8 所示。

图 1-1-8　网页图像

3. Flash 动画

Flash 动画的加入使得网页富有动感，不再死气沉沉，其带来的视觉冲击力也是文本和静态图片难以比拟的。含有 Flash 动画的网页示例如图 1-1-9 所示。

图 1-1-9　网页中包含的 Flash 动画

4. 表格

一个让人感觉舒服的网页，除了精彩的内容和协调的色彩，还有一个关键因素就是合理的排版布局。表格的作用主要有两个：一是使用行和列的形式布局文本和图像以及其他列表化数据；另一个是精确控制网页中各种元素的显示位置。通常表格的边框都被设置为0，因为这样才能在网页中隐藏边框线，使得网页看起来更加美观。一个由表格进行排版和布局的网页示例如图1-1-10所示。

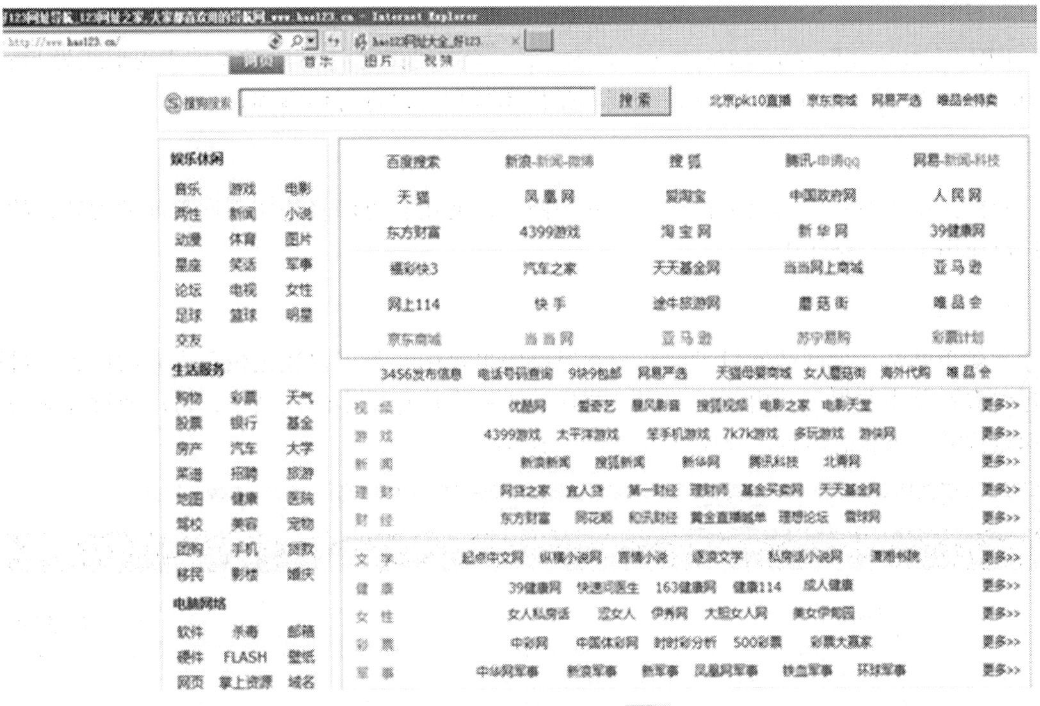

图1-1-10　由表格排版的网页

5. 声音和视频

声音和视频是网页的一个重要组成部分，尤其是多媒体网页，更是离不开声音和视频。用户在为网页添加声音效果时要充分考虑其格式、文件大小、品质和用途等因素。另外，不同的浏览器对声音文件的处理方法也有所不同，彼此之间有可能并不兼容。采用视频文件可使网页效果更加精彩，且富有动感。常见的视频文件格式包括 RM、MPEG、AVI 和 DivX 等。

（四）网页中的常用术语

在网页制作中，经常会遇到一些网页中的专用名词，如域名、URL、超链接、导航条、表单、发布等，只有了解了这些专用名词的含义和用途，才能在制作网页时得心应手，使制作出的网页更加专业。下面分别介绍这些专用名词的含义。

1. 域名

所谓域名，其实就是网站在互联网上的一个"名字"，就像每个人都有自己的名字一样，网站的域名在互联网上是唯一的。例如：百度门户网站的域名为：www.baidu.com，整个域名被两个小圆点分成了三部分，各个部分代表的含义如下：

（1）WWW（World Wide Web）：中文名字为"万维网""环球网"等，常简称为 Web。它是基于 Internet 的一种信息服务，用于检索和阅读连接到 Internet 服务器上的有关内容。

（2）baidu：指网站的名称，此名称是唯一的。

（3）com：用于说明网站的性质，不同的字符代表不同的含义，常用的有 com（商业机构）、net（网络服务机构）、org（非营利性组织）和 gov（政府机构）等。

2. URL

URL（Uniform Resource Locator），译为"统一资源定位符"。其最常见的表现形式为 http:// 和 ftp://，主要用于区分用户所访问的资源是使用哪种协议进行传输和显示的。

3. 超链接

超链接用于在互联网上链接两个不同的网页，使用它可以轻松实现网页间的跳转，故而被广泛应用于网页制作中。

4. 导航条

导航条就是一个网站的目录。在一本厚厚的书籍中，若需快速定位至需要的内容，可以通过查看目录来获得相关内容的页码。同样，在一个信息繁多的网站中，可以通过导航条来快速定位需要查看的内容。导航条示例如图 1-1-11 所示。

图 1-1-11　导航条

5. 表单

网上冲浪时，网站有时需要获取一些用户信息，这就需要使用表单来实现。表单主要用于采集数据，如图 1-1-12 所示。

图 1-1-12 表单

6. 发布网站

发布网站是指将本计算机上制作好的网页上传到网络空间中。发布通常是网站制作的最后一步。

（五）网页的类型

目前，常见的网页有静态网页和动态网页两种。静态网页通常以".html"".shtml"".xml"等形式为后缀；动态网页一般以".asp"".jsp"".php"".perl"".cgi"等形式为后缀。

1. 静态网页

网页所基于的底层技术是 HTML 和 HTTP。在过去，制作网页都需要专门的技术人员来逐行编写代码，编写的文档称之为 HTML 文档。然而这些 HTML 文档类型的网页仅仅是静态的网页。

2. 动态网页

随着网络和电子商务的快速发展，产生了许多网页设计新技术，例如 ASP 技术、JSP 技术等，采用这些技术编写的网页文档称为 ASP 文档或 JSP 文档。这种文档类型的网页由于采用动态页面技术，所以拥有更好的交互性、安全性和友好性。

简单来说，动态网页是由网页应用程序反馈至浏览器上生成的网页，它是服务器与用户进行交互的界面。

四、知识小结

通过本任务的学习，使读者了解了一些制作网页的基本知识，对网页、网站有了一个初步认识，了解构成网页的基本要素，网页制作的基本工具和步骤。做好一个网站并非易事，所以了解和掌握一些网站设计基础知识和概念是必须的。

任务二　创建一个简单的网页

一、任务描述

通过上一个任务的学习，读者了解了一些网站制作的基本知识，对网页、网站有了一个初步认识。本任务是通过记事本、Excel、Word、PowerPoint 等方式创建一个简单网页，以不同方式展示网页制作过程，包括网页新建、编写、保存、发布等步骤，使读者初步了解网站制作的基本流程。

二、实施说明

本任务将展示用记事本、Excel、Word、PowerPoint 等方式创建网页的过程，初步了解网站基本步骤。在网页制作时，既可以直接编写代码制作网页，也可以直接借助各种软件工具中自带的格式保存网页类型。需注意保存的格式和美化即可。

三、实现步骤

（一）记事本方式创建网页

（1）新建文本文档。在附件中创建一个记事本文件，如图 1-2-1 所示。

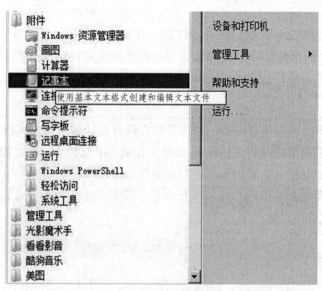

图 1-2-1　打开记事本

（2）编写代码。在记事本里面输入 HTML 代码，如图 1-2-2 所示。

图 1-2-2　输入代码

（3）网页保存。在记事本菜单栏中选择"另存为"对话框，选择保存位置和保存类型，如图 1-2-3 所示。

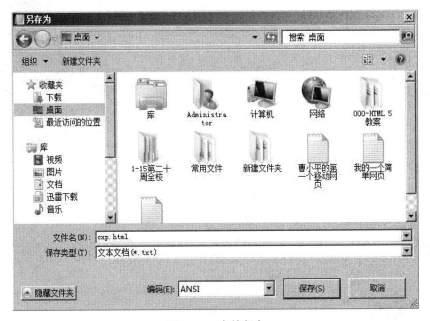

图 1-2-3　文档保存

（4）网页浏览。选择保存好的文件并直接打开浏览，效果如图 1-2-4 所示。

曹小平的第一个移动网页

图 1-2-4　浏览效果

（二）使用 Microsoft Excel 创建一个简单网页

（1）新建一个 Excel 文档，如图 1-2-5 所示，打开文档输入网站内容。

图 1-2-5　新建 Excel 文档

（2）输入网页内容，如图 1-2-6 所示。

图 1-2-6　网页内容

（3）保存网页，如图1-2-7所示。

图1-2-7 保存网页

（4）网页浏览效果，如图1-2-8所示。

图1-2-8 网页浏览

到此，使用Excel创建一个简单网页就完成了。

（三）使用 Microsoft Word 创建一个简单网页

（1）新建 Word 文档，如图 1-2-9 所示。

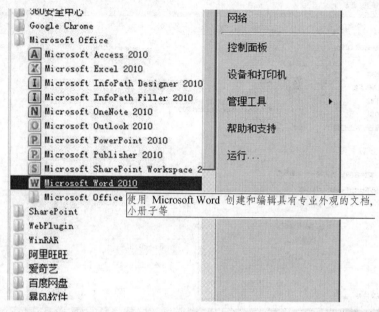

图 1-2-9　新建 Word 文档

（2）输入网页内容，如图 1-2-10 所示。

图 1-2-10　输入网页内容

（3）保存网页，如图 1-2-11 所示。

图 1-2-11　保存网页

（4）浏览网页效果，如图 1-2-12 所示。

图 1-2-12　浏览网页

到此，使用 Word 创建一个简单网页就完成了。

（四）使用 Microsoft PowerPoint 创建一个简单网页

（1）新建 PowerPoint 文档，如图 1-2-13 所示。

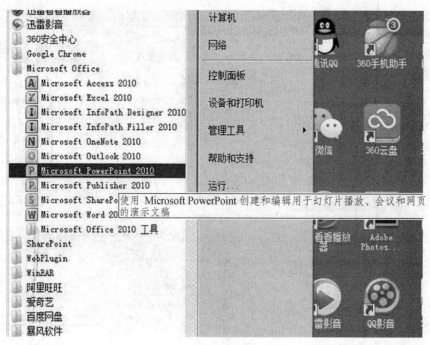

图 1-2-13　新建 PPT 文档

（2）添加内容。单击添加第一张幻灯片，在第一张幻灯片中输入网页内容，如图 1-2-14 所示。

图 1-2-14　输入网页内容

（3）保存网页。选择保存位置和保存类型，如图 1-2-15 所示。

图 1-2-15 保存网页

（4）浏览网页。打开已保存网页，预览网页信息，如图 1-2-16 所示。

图 1-2-16 浏览网页

到此，使用 PPT 创建一个简单网页也就完成了。

四、知识小结

通过本任务的学习，读者学习了用几种不同方式创建新的网页，例如用记事本、Excel、

Word、PowerPoint 等创建一个简单网页的过程。重点学习了网页在创建过程中的新建、输入、保存、浏览等步骤和流程。通过学习，读者可以准确了解网页制作的基本流程，帮助后期做好网站开发及美化。

任务三　在局域网中发布网站

一、任务描述

通过前期的学习，我们了解和掌握了一些网站的基本知识、简单网页的制作以及网页制作的基本流程和方法。通过本任务的学习，读者可以了解网站制作完成后如何进行发布，在局域网中发布的基本方法，以及不同方式发布的技巧等。

二、实施说明

如果你想在局域网中发布网站，首先你得把网内的某台计算机做成服务器，然后设置 IIS，以及设置目录，则其他的机器就可以根据默认的目录来访问你所制作的网页或者网站了。

三、实现步骤

（一）通过 IIS 在局域网中发布一个网站的方法

（1）启动 IIS（Internet 信息服务管理器），如图 1-3-1 所示，在 Internet 信息服务窗口中选取"网站"，右击鼠标之后在弹出的菜单里选择"添加网站"命令开始创建一个 Web 站点。

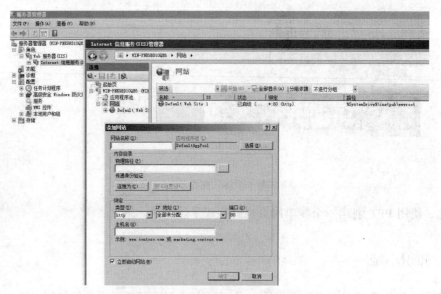

图 1-3-1　启动 IIS 信息服务管理器

（2）在窗口中设置 Web 站点的相关参数。例如，网站名称可以设置为"caoxiaoping"，Web 站点的主目录可以选取主页所在的目录或者是采用 WindowsServer 2008 默认的路径，Web 站点 IP 地址和端口号可以直接在"IP 地址"下拉列表中选取系统默认的 IP 地址。网站配置示例如图 3-2 所示。

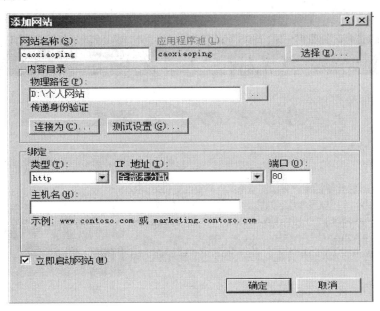

图 1-3-2　网站配置

（3）完成网站添加。返回到 Internet 信息服务器窗口，在"网站"项之后可以在中间区域查看到多出了一个新的"caoxiaoping"站点，如图 1-3-3 所示。

图 1-3-3　成功添加网站

（4）验证网站。为了验证创建的 Web 服务器可用，只要在内网的其他计算机上运行 IE 浏览器，然后在地址栏中输入 Web 服务器对应的 IP 地址，如果能够看见 IE7.0 的欢迎界面，就说明 Web 服务器创建成功了。浏览网站效果如图 1-3-4 所示。

图 1-3-4　浏览网站

（二）通过 WebServer 工具发布网站的方法

（1）把 WebServer 拷贝到网站内容的同一目录下面，如图 1-3-5 所示。

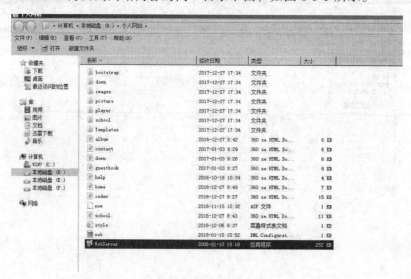

图 1-3-5　拷贝 WebServer

（2）打开 WebServer 菜单栏服务器，设置监听端口、网站路径、首页等内容，如图 1-3-6 所示。

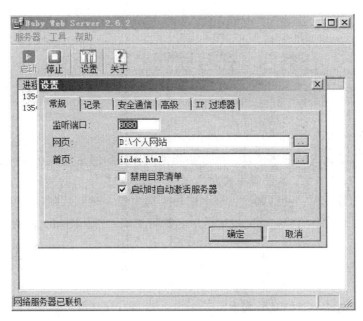

图 1-3-6　服务器设置

（3）浏览网站内容。在地址栏中输入本机 IP：端口号直接回车即可。例如：http：//127.0.0.1:8080，将显示个人网站内容，效果如图 1-3-7 所示。

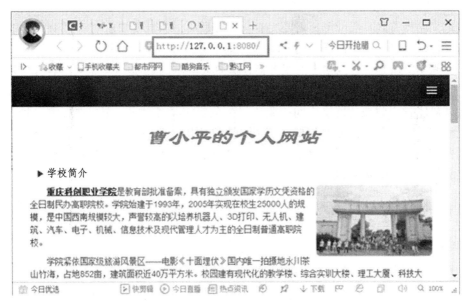

图 1-3-7　浏览网站

四、知识小结

通过本任务的学习，读者学会了运用 Internet 信息服务管理器和 WebServer 工具在局域网中发布网站的方法，了解了网站发布过程中软件工具的启动、配置、发布、预览等基本步骤和流程，初步认识了网站发布的过程。

任务四　在互联网上发布网站

一、任务描述

制作网站是为了向人们传播信息，所以必须把制作好的网站放到互联网上去，让人可以通过 Internet 来查找和浏览。本任务主要介绍了在独享云虚拟主机购买后获取主机信息、网站备案、上传网站和数据库、网站调试、域名解析和绑定等实现网站在互联网中发布的方法。通过该任务的学习，读者能够独立完成申请域名和云主机，掌握网站上传的方法。

二、实施说明

如何把做好的网站发布到互联网上，若是自主建站，其基本步骤分为服务器选择、域名购买和备案、网站部署、域名解析等。

三、实现步骤

要想把网站发布到互联网上，需要先有空间和域名，而且要知道空间的 IP、FTP 账号和密码，有了这些信息才能正常登录到 FTP 服务器上，以管理服务器里面的文件。

网站空间实际就是一个网络上的服务器，它具有固定的 IP 地址，很大的存储空间，主要作用就是为网络用户提供各项服务，是实现网络资源共享的重要组成部分。网站空间分为收费和免费两种，通常收费的网络空间的服务优于免费的网站空间，至于选择哪一种，应根据具体情况而定。如果您的网站要长期开下去，建议选择收费网站空间；如果只是想测试自己的网页制作能力，可申请一个免费空间，即可满足需求。本任务将以阿里云虚拟主机为例，介绍在互联网上发布网站的方法。

（一）云服务器的选择

1. 独享云虚拟主机、共享云虚拟主机、云服务器 ECS 的区别

（1）共享云虚拟主机：虚拟主机即通过相关技术把一台服务器划分成多个一定大小的空间，每个空间都给予单独的 FTP 权限和 Web 访问权限，多个用户共同平均使用这台服务器的硬件资源。市场上的虚拟主机都采用共享版虚机模式。

适用用户：资源共享，空间较大，固定流量，经济实惠，满足基本建站。

（2）独享云虚拟主机：与共享云虚拟主机相比，独享云虚拟主机最大的不同是资源独享，享有整个服务器的软硬件资源，即每台轻云服务器的 CPU、内存、带宽、硬盘均为独享，且不限流量、独立 IP、预装了网站应用环境和数据库环境，同时具备了虚机和服务器的优势，且提供可视化操作的控制面板环境，操作简单，即买即用。

适用用户：独享资源，空间超大，不限流量，更高配置，企业建站首选。

（3）云服务器 ECS ：是一种弹性计算服务，支持各种应用软件灵活扩展，需要有专业技术人员来维护。

适用用户：有技术实力、懂得服务器配置及维护的用户及开发者。

独享云虚拟主机、共享云虚拟主机、云服务器 ECS 主要配置如图 1-4-1 所示。

主要配置	虚拟主机	独享版虚拟主机	云服务器ECS
网页空间	M/G级空间	G级空间	独享整块硬盘
CPU	共享	独享	独享
内存	共享	独享	独享
带宽	共享	独享	独享
流量	有限制	无限制	无限制
主机管理控制台	支持	支持	不支持
付费方式	年付	月付/年付	月付/年付

图 1-4-1　主要配置

2. 购买虚拟主机或云服务器方式

（1）独享云虚拟主机购买价格参考，如图 1-4-2 所示。

图 1-4-2　主机价格

（2）云服务器 ECS 购买价格参考，如图 1-4-3 所示。

图 1-4-3　云服务器 ECS 价格

3. 购买和登录云虚拟主机

（1）购买云虚拟主机。首先登录阿里云官网，进入云虚拟主机产品页面，选择购买独享云虚拟主机，选择机房、操作系统、时长，单击页面右侧价格下面的"立即购买"，核对确认订单信息，确认订单并付款。购买云虚拟主机示例如图 1-4-4 所示。

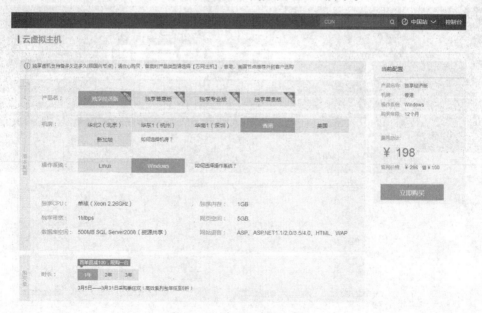

图 1-4-4　购买云虚拟主机

（2）登录主机管理页面。购买虚拟云主机后，用户就可以直接登录云虚拟主机管理页面，查看主机基础信息，单击"管理"登录，就可进入主机管理页面，或使用主机用户名及管理密码直接登录主机管理控制台。登录主机管理页面，示例如图 1-4-5 所示。

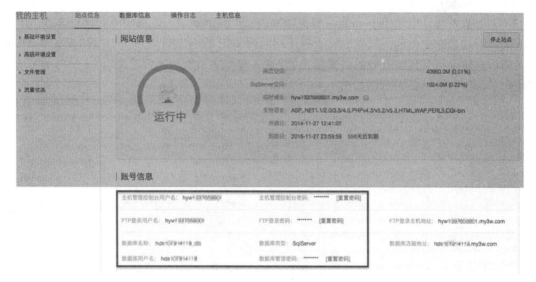

图 1-4-5　主机管理页面

（3）重置密码。在"主机管理控制台"站点信息中可以对主机管理控制台登录密码、FTP 登录密码以及数据库管理密码进行重置。此处以重置 FTP 登录密码为例，如图 1-4-6 所示。

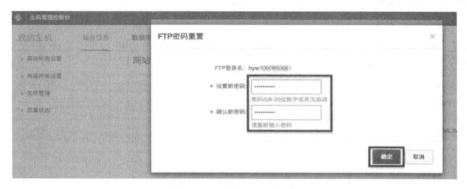

图 1-4-6　重置 FTP 密码

（4）绑定主机域名。在"基础环境设置"下"域名绑定"界面中选择已有域名或输入新域名进行域名添加。更换绑定域名后还需要到域名服务商处做域名解析，指向此主机的 IP 地址。绑定主机域名示例如图 1-4-7 所示。

图 1-4-7　绑定主机域名

（5）备案系统，申请 ICP 备案。根据国家信息产业部要求，开通网站必须先办理 ICP 网站备案。因此您在主机购买成功后，直接访问万网 ICP 代备案管理系统，前往备案系统根据备案提示及建议提交真实有效的备案信息。登录云虚拟主机管理页面，选择"主机"，单击"更多操作"备案。系统备案示例如图 1-4-8 所示。

图 1-4-8　系统备案

也可以登录云虚拟主机管理控制台"主机信息"备案，示例如图 1-4-9 所示。

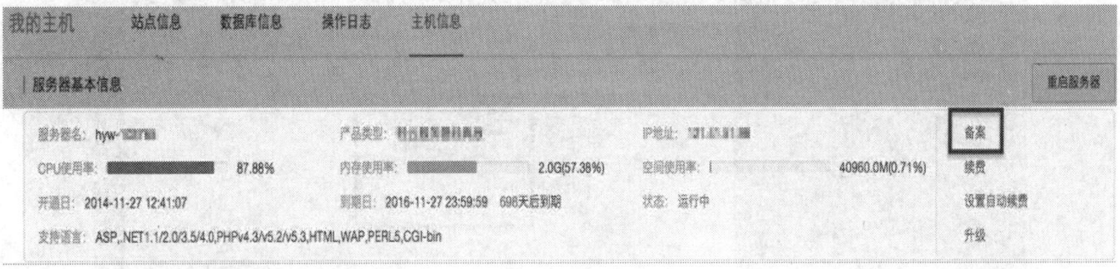

图 1-4-9　系统备案

（6）域名解析。域名服务商做域名解析，将域名指向主机的 IP 地址。域名在阿里云购买，DNS 也是阿里云默认服务器。域名 DNS 不是阿里云默认的服务器，请通知 DNS 提供商协助你添加解析，解析生效时间以 DNS 提供商的生效时间为准，解析生效后才能正常使用。

（二）上传网站

网页制作完成后，程序需上传至虚拟主机。上传需要注意的是：Windows 系统的主机请将全部网页文件直接上传到 FTP 根目录，即/。Linux 系统的主机请将全部网页文件直接上传到/htdocs 目录下。由于 Linux 主机的文件名是区别大小写的，文件命名需要注意规范，建议使用小写字母，数字或者带下画线，不要使用汉字。如果网页文件较多，上传较慢，强烈建议您先在本地将网页文件压缩后再通过 FTP 上传，上传成功后通过控制面板解压缩到指定目录。

方法一：FTP 上传方式。

（1）通过文件浏览器上传网页。优点是操作方便，但只适用于 Windows 系统的主机，在地址栏输入 ftp://您的主机 IP 地址，并回车。FTP 上传文件示例如图 1-4-10 所示。

图 1-4-10　FTP 上传文件

（2）输入账号和密码。在用户名处输入主机的管理账号，在密码处输入主机的管理密码，示例如图 1-4-11 所示，如果用户的计算机属于个人使用，用户可以选择勾选保存密码，再次登录就无需再次输入密码。

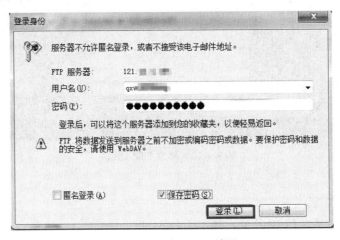

图 1-4-11　登录 FTP 账号

（3）单击"登录"后，可看到 FTP 上所有的文件，您可以将本地的网页文件复制后粘贴到 FTP 目录下；也可以选中文件或文件夹后单击右键删除、重命名、复制、剪切 FTP 上的文件，如图 1-4-12 所示。

图 1-4-12　上传文件

方法二：使用 FTP 客户端上传文件。

CuteFTP 其优点是无操作系统限制，适用面广。CuteFTP 是一个简单易用的 FTP 管理器，下面以 CuteFTP 9.0 为例进行说明。

（1）启动 CuteFTP 软件，新建站点：单击"文件""新建"FTP 站点，打开站点属性界面，建立 FTP 站点，如图 1-4-13 所示。

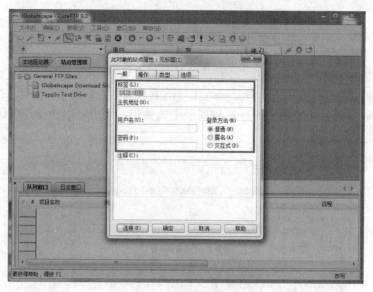

图 1-4-13　建立 FTP 站点

备注：

标签：可任意填写。

主机地址：填入主机的 IP 地址，如 121.41.51.98。

用户名：填写主机的用户名（主机 FTP 用户名）。

密码：填写主机的密码（输入密码时，框中只有*字，防止被别人看到）。

登录方法：请选择普通。

（2）在站点属性页面，单击"类型"，端口填写为 21，如图 1-4-14 所示。

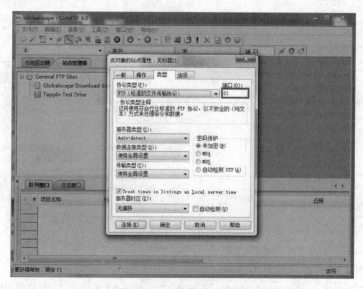

图 1-4-14　设置站点属性

（3）显示隐藏文件方法。在站点属性页面，单击"操作"选项，单击"筛选器"，勾选"启动筛选"启用服务器端筛选，远程筛选器中填写-a。设置站点属性示例如图 1-4-15 所示。

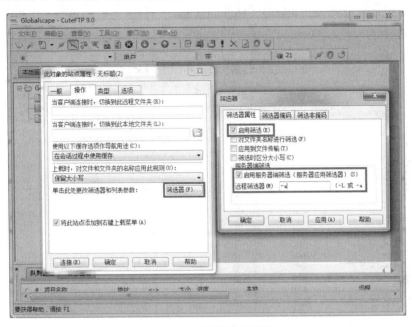

图 1-4-15　设置站点属性

（4）连接远程站点。单击"连接"，即可连接至主机目录。界面分为以下几部分：上部——工具栏和菜单。左边——本地区域，即本地硬盘，上面两个小框可以选择驱动器和路径。右边——远程区域，即远端服务器，双击目录图标可进入相关目录，命令区域。下部——记录区域，从此区域可以看出队列窗口：程序已进行到哪一步。日志窗口——连接的日志。连接远程站点示例如图 1-4-16 所示。

图 1-4-16　连接远程站点

（5）连接主机在通过以下操作将网页上传后，使用浏览器访问测试。从本地区域选定要上传的网页或文件，双击或用鼠标拖至远程区即可完成上传工作。用鼠标右键中的常用选项对远端文件和目录进行操作，如删除、重命名、移动、属性等。如果要在主机上新建目录，请在右侧主机端空白地方单击鼠标右键进行操作。网页文件上传完成示例如图 1-4-17 所示。

图 1-4-17 网页文件上传完成

至此，建站操作已基本完成，接下来您可使用域名测试访问是否正常。

四、知识小结

本节介绍了在互联网中利用云虚拟主机发布网站的过程，重点介绍了云虚拟主机的申请购买，主机信息的设置，域名解析和备案，以及网站上传的方法等内容。通过该任务的学习，读者熟悉了建站流程，可提升网页制作的能力。

项目二　网站策划

【项目简介】

网站策划逐步被各个企业重视，在企业建站中起着核心的作用，是一个网站的神经部位。网站策划重点阐述了解决方案能给客户带来什么价值，以及通过何种方法去实现这种价值。本项目将介绍网站建设的基本流程，需求分析；怎样撰写网站方案，网页的基本构成、布局。

【学习目标】

（1）了解网站建设基本流程。
（2）了解网站建设需求分析。
（3）掌握网站建设方案撰写方法。
（4）掌握网页基本构成和布局。

任务一 网站建设基本流程

一、任务描述

随着网络技术的进步，网页设计也发生着变化，其中典型的就是界面更加丰富多样化、内容功能也更加强大。制作网页前需要对网站进行整体规划，包括网站风格、主题内容、表现形式等。网站规划有独特的流程，合理地规划网站可以使网站形象更加完美、布局更合理、维护更方便。

二、实施说明

网站规划前期，了解网页设计包含的内容以及网页设计的一些相关原则是非常有必要的。本任务将练习规划网站的操作流程。通过本任务的学习，读者可以了解网页设计的相关内容和原则，能够独立完成一个网站的前期策划工作。

三、实现步骤

（一）网站定位

网站的主题也就是网站的题材，是网站设计首先遇到的问题。网站题材千奇百怪，多种多样，究竟该如何选择呢？显然，企业网站的主题就是一味地追求提高企业的知名度，或者选择以介绍企业的知名产品为题材；或者选择以售后服务为题材；或者选择以在线技术咨询为题材。校园网的主题就是对外展示学校的办学特色，多以选择介绍学校师资队伍、办学方针为题材。个人网站的主题相对选择的种类比较多，再加上现在网上提供的免费空间越来越多，于是，一些网页制作爱好者就萌发了在网上建立个人网站的念头，所以个人网站的主题多以个人爱好为题材，没有固定的模式。

定位要小，内容要精。如果要制作一个包罗万象的站点，把所有精彩的东西都放在上面，结果往往会事与愿违，给人的感觉是没有主题，没有特色，样样都有，却样样都不精。

网站题材最好选择自己擅长或者喜爱的内容。兴趣是制作网站的动力，没有热情，很难设计出优秀的网站。

网站题材确定以后，就可以围绕题材给网站起一个名字。网站名称也是网站设计的一部分，而且是关键的一个要素。与现实生活一样，网站名称是否正气、响亮、易记，对网站的形象宣传和推广有很大的影响。因此，提出如下建议：

（1）名称要正。网站名称要合法、合理、合情，不能用反动、色情、迷信、危害社会安全与稳定的名词和语句。

（2）名称要易记。网站名称最好要用中文的，不要使用英文或中英文混合名称。另外，网站名称的字数最好控制在六个字（最好四个字）以内，也可以用成语。控制字数还有一个好处，即适合于其他站点的链接排版。

（3）名称要有特色。网站名称要有特色，能够体现一定内涵，给浏览者更多的视觉冲击和空间想象力。例如音乐前卫、网页陶吧、E 书时空等，在体现网站主题的同时，能点出特色之处。

（二）整体规划

进行网站的整体规划也就是组织网站的内容，设计其结构。网页设计者在明确网页制作的目的以及要包括的内容之后，接下来就是应该对网站进行规划，以确保文件内容条理清楚、结构合理，这样不仅可以很好地体现设计者的意图，也将使网站的可维护性与可扩展性增强。

组织网站的内容可以从两个角度来考虑。从设计者的角度来考虑，就应该将各种素材依据浏览者的需要进行内容分类，以便浏览者可以快捷地获取所需的信息及其相关内容。当然，设计网页时通常需要全方位、多方面考虑设计者和浏览者的需要，使网站最大限度地实现设计者的目标，并为浏览者提供最有效的信息服务。

合理结构设计对于网站的规划也是至关重要的，以下是三种常见的结构类型。

（1）层状结构。层状结构（图 2-1-1）类似于目录系统的树形结构，由网站文件的主页开始，依次划为一级标题、二级标题等，逐级细化，直至提供给浏览者具体信息。在层状结构中，主页是对整个网站文件的概括和归纳，同时提供了与下一级的链接。层状结构具有很强的层次性。

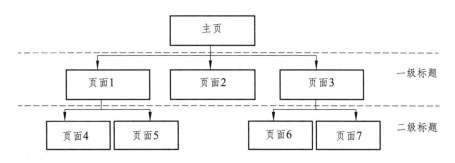

图 2-1-1 层状结构

（2）线性结构。线性结构（图 2-1-2）类似于数据结构中的线性表，用于组织本身线性顺序形式存在的信息，可以引导浏览者按部就班地浏览整个网站文件。这种结构一般都用在意义是平行的页面上。

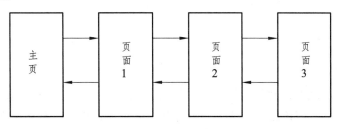

图 2-1-2 线性结构

通常情况下，网站文件的结构是层状结构和线性结构相结合的。这样可以充分利用两种结构的各自特点，使网站文件具有条理性、规范性，并可同时满足设计者和浏览者的要求。

（3）Web 结构。Web 结构（图 2-1-3）类似于 Internet 的组成结构，各网页之间形成网状连接，允许用户随意浏览。

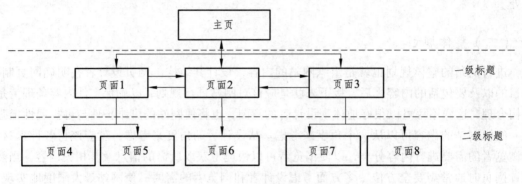

图 2-1-3　Web 结构

在实际设计时，应该根据需要选择适合于网站文件的结构类型。根据以上分析，要建立一个校园网站，应采用 Web 结构。

在确定网站结构之后，要完成的工作就是根据网站所要展示的内容从各个部门去收集和整理资料；其次，为了更好地反映这些内容，需要准备一些素材，如图片、图标等；最后，组织内容进行设计，完成整体规划。下面以校园网站建设为例，说明在各个步骤要完成的任务。

第一步：收集整理资料。学校网站主要展示学校的基本概况、各系部的教学科研以及学生的活动情况，同时报道学校内部的新闻、对外交流等。所以网站建设人员需要得到各部门的大力配合，进行详细了解，取得翔实的资料。

第二步：准备素材。当需要的资料收集得差不多时，就要对资料进行分类整理。为了更好地反映这些资料的内容，需要准备一些辅助素材。这里更多的可能是图片、动画等，这些可以用前面讲的工具自己制作，也可以从其他网站上下载。例如学校的名字，如果直接使用文字放在主页的上方，就不如将其制作成图形文字放在上方好。

第三步：内容规划。资料和素材准备好后，接下来就是如何组织和安排这些内容了。学校网站可以分为校园概况、系部设置、新闻服务、招生信息、学生工作、办公电话以及其他服务等。在系部设置下，可以设置各系部主页；在系部主页下可以设置主要专业及教研室介绍等；在学生工作下，可以有学生组织、活动信息、好人好事等。

（三）网页设计与制作

1. 静态网页的设计与制作

在开始制作网页之前，建议应用少量时间对自己要制作的主页进行总体设计。例如，希望主页是怎样的风格，应该放一些什么信息，其他网页如何设计，分几层来处理等。

通常在进行网页开发时，首先应进行静态网页制作，然后再在其中加入脚本程序、表单等动态内容。静态网页仅仅用来被动地发布信息，而不具有任何交互功能，它是 Web 网页的重要组成部分。

一个好的网站首先是内容丰富，其次是网页设计美观。对于网页的外观设计，提供以下建议：

（1）不要先决定网页的外观，然后迫使自己去适应它，应该根据网站的访问者对象、要提供的信息以及制作目标得出一个最合适的网页架构。

（2）每页排版不要太松散或用太大的字，尽量避免访问者浏览网页时要做大幅度的滚动；对于篇幅太长的一页可以使用内部链接解决。注意，在一页的上部是显眼而宝贵的地方，不要只放几个粗大的字或图片。

（3）切勿以 800×600 以上的分辨率设计网页，常用的分辨率有 640×480 和 800×600。现在国内的站点基本上都是 800×600 分辨率，但如果是面向国外访问者的站点，建议使用 640×480 分辨率。

（4）不应在每页中插入太多广告。相信任何访问者都不会喜欢浏览尽是些广告的网页，要考虑该页内容与广告的比例，广告太多，只会令人厌烦。

（5）不要每页都采用不同的墙纸，以免每次转页时花费过多的时间去下载。采用相同的底色或墙纸可以增强网页一致性，以树立自己的风格。

（6）底色或墙纸必须与文字对比强烈，以易于阅读。这并不是要求永远使用鲜亮的背景搭配深色的文字，但深色背景常要求与主题配合。如果网页是文章式或包含大量的文字，则不妨在底色与文字的搭配上下功夫，力求让访问者能够舒适地阅读网页。

（7）不要把图片白色当作透明，要知道别人的系统不一定把底色设为白色。解决的办法除了把该网页的底色设为白色之外，最好还是用图片编辑工具将图片设为透明颜色。

2. 为网页添加动态效果

静态网页制作完成后，接下来的工作就是为网页添加动态效果，包括设计一些脚本语言程序、数据库程序，加入动画效果等。

仅仅由静态页面组成的网站不过是传媒体的一种电子化而已，原来需要印刷在纸张上的内容现在被放到了网络上，用户在站点中切换页面，就像在现实中翻阅书籍。这样的站点不仅生命力有限，也无法体现网络时代带来的优势。一个真正的网站，不仅是传统媒体的电子化，给用户提供需要的内容，还应该做更多的事情，完成比页面浏览更高层次的需求，如收集信息、数据传递、数据储存、系统维护等。

（四）测试网页

当网页设计人员制作完所有网站页面之后，需要对所设计的网页进行审查和测试，测试内容包括功能性测试和完整性测试两个方面。

所谓功能性测试就是要保证网页的可用性，达到最初的内容组织设计目标，实现所规定的功能，读者可以方便快速地寻找所需要的内容。完整性测试就是保证页面内容显示正确，链接准确，无差错无遗漏。

如果在测试过程中发现了错误，就要及时修改，准确无误后，方可正式在 Internet 上发布。在进行功能性测试和完整性测试后，有时还需要掌握整个站点的结构以备日后修改。

（五）网页上传发布

网页设计好后，必须把它发布到互联网上，否则网站形象仍然不能展现出来。发布的服务器可以是远程的，也可以是本地的，但必须支持 ASP，因为动态程序建立在 ASP 基础上。

（六）网站的宣传与推广

网站的宣传和推广一般有两种途径：一种是通过传统媒体进行广告宣传；另一种是利用 Internet 自身的特点向外宣传。

可用来宣传的传统媒体包括电视、广播、报纸、广告牌、海报和黄页等。对于公司还可以在通信资料、产品手册和宣传品上印刷网站宣传信息。

在 Internet 上宣传网站的方法也是多种多样的，如可以将网址和网站信息发布到搜索引擎、网上黄页、新闻组、邮件列表上进行宣传推广，也可以与其他同类网站交换宣传广告。

（七）网站的反馈与评价

目前的网站注重信息的不断更新和交互性，只有这样才能吸引更多的浏览者来访问和参与。如何知道哪些网页内容需要调整、更新和修改以及网页上需要增加哪些内容呢？这些不能靠主观臆断来确定，而是需要得到访问者的反馈意见，也可以根据不同网页的被访次数来分析。

获得用户反馈信息的方法很多，常用的有计数器、留言板、调查表等，也可以建立系统日志来记录网页的被访情况。

（八）网站的更新与维护

网站要注意经常维护更新内容，保持内容的新鲜，不要做好后放到服务器永远不变。只有不断地补充、更新内容，才能吸引浏览者。维护更新时可以充分利用 Dreamweaver 提供的模板和库技术，以提高工作效率。

四、知识小结

通过本次任务的学习，应重点掌握网页制作的基本步骤，其中包括网站定位、网站规划、设计、测试、发布、宣传、反馈和维护与更新。要制作一个别具一格的网站，需要经过构思后形成独特的看法和见解，给人别出心裁的感觉。

任务二 网站建设需求分析

一、任务描述

网站需求是网站建设方案的必备内容，涉及网站框架、网站架构规划、网站页面设计要求、网站功能需求、网站技术说明，甚至还要包含网站建设的预算、网站建设的进度表等。因此更好地了解、分析、明确用户需求，并且能够准确、清晰地以文档的形式表达给参与项目开发的每个成员，保证开发过程朝着用户需求的方向进行。

二、实施说明

一个网站从最初的构思，到整个网站的完成，需要经过很多中间环节。其中需求分析阶段包括市场调查、网站规模分析、确定网站主题和确定网站目标群体这四个主要步骤。通过需求分析可以更好地把握网站的制作方向，制订出不同风格的网站。

三、实现步骤

在进行网站建设之初，首先要进行需求分析。所谓需求，就是指网站制作者想要表现的内容以及访问者想要获得的内容，它主要由网页制作过程中的网站定位决定。例如，如果是个人网站，则主要用于表现自我，内容大多数是自己想要表现的内容；如果是咨询网站，则访问者需要什么，内容就偏向于什么。

（一）市场调查

要制作一个网站，就要对网络中其他相同类型的网站进行分析。例如，该类网站的数量、风格、具体内容以及最为重要的访问量等。如果是营利性质的网站，则还要对面向的客户进行分析调查，以便对自己的网站进行定位。

（二）网站规模分析

网站按照规模，大致可以分为小型、中型和大型三类。一般来说，网站都是由小慢慢变大的。确定了网站规模，就可以确定网页数量，从而制作出更合理、更完善的网站。

（三）确定网站主题

网站的主题不同，其风格和侧重点也不相同。网站的主题可以说是网站内容的表现方向，只有确定好了方向，内容才有针对性，否则就会让人感觉杂乱无章。下面简单介绍一下不同主题的网站，以便了解在设计制作时需要注意的事项。

（1）以某个行业为主题的专业性网站（如汽车主题），在设计上要考虑其单一性以及专业性，不能太花哨，应重点突出信息内容，如图 2-2-1 所示。

（2）以个人兴趣爱好为主题的个人网站则需要注重个性化，在制作过程中比较自由，可完全根据个人特长自由发挥，如图 2-2-2 所示。

图 2-2-1 汽车主题的网页

图 2-2-2 个人网站

（3）以产品、售后服务为主题的职能网站则应当注重其功能性，这类网站大多数用来树立公司形象以及为客户提供售后服务等。中国职能网站示例如图 2-2-3 所示。

图 2-2-3 职能网站

（4）门户网站所涉及的内容非常广泛，综合性比较强，因此这类网站需要大量的信息内容。新浪门户网站如图 2-2-4 所示。

图 2-2-4 新浪门户网站

（四）确定网站目标群体

网站是提供网友浏览的，但是不同的网站针对的浏览对象也不同，也就是说，不同类型的人会浏览不同类型的网站。例如，时尚类网站主要是提供给追求时尚的年轻人看的；门户

网站则针对大部分普通人群；还有一些针对儿童、妇女和老年人的网站。图 2-2-5 所示为 NBA
中国官方网站。

图 2-2-5　NBA 中国官网

一个网站项目的确立是建立在各种各样的需求上面的，这种需求往往来自客户的实际需
求或者是出于公司自身发展的需要。其中客户的实际需求也就是说这种交易性质的需求占了
绝大部分。

四、知识小结

通过本次任务的学习，首先需要从网站的规模、主题、目标群体进行全局考虑和分析
设计出站点结构，然后规划站点所需功能、内容结构页面等，经客户确认才能进行下一步
操作。在这一过程中，需要与客户紧密合作，认真分析客户提出的需求以减少后期变更的可
能性。

任务三　网站建设方案撰写

一、任务描述

网站策划对网站建设起着计划和指导的作用，对网站的内容和维护起着定位作用。网站
建设方案应该尽可能涵盖网站策划中的各个方面，且网站建设方案的写作要科学、认真、实
事求是。一个大型企业网站的成功与否与建站前的网站建设方案有着极为重要的关系。在建

立网站前应明确建设网站的目的，确定网站的功能、规模、投入费用，进行必要的市场分析等。只有详细的策划，才能避免在网站建设中出现的很多问题，使网站建设能顺利进行。

二、实施说明

想要建设好一个网站，需要先撰写设计方案。一个好的网站建设方案，前提是需要与客户紧密沟通合作，重点阐述内容，充分挖掘、分析客户的实际需求，准确地帮助客户分析、把握互联网应用价值点。要符合专业网站的建设标准，从网站建设策划方案的价值、资料收集、思路整理、方案写作、包装与提交、讲解与演示、归档和备案等方面进行。

三、实现步骤

效果为主，策划先行。一场完美落幕的奥运会背后一定有一个运筹帷幄的策划团队。网站建设也一样，一个成功的客户案例的诞生也一定少不了一份好的可执行的网站建设策划方案的支撑。那么，网站建设之前该如何策划呢？网站策划书应包含哪些内容呢？

（一）市场分析

（1）相关行业的市场是怎样的，有什么样的特点，是否能够在互联网上开展公司业务。
（2）市场主要竞争者分析，竞争对手上网情况及其网站规划、功能作用。
（3）公司自身条件分析，公司概况、市场优势，可以利用网站提升哪些竞争力。

（二）网站建设的目的及功能定位

（1）为什么要建网站，是为了宣传产品，进行电子商务，还是建行业性网站?是企业的需要还是市场开拓的延伸？
（2）整合公司资源，确定网站功能。根据公司的需要和计划，确定网站的功能：产品宣传型、网上营销型、客户服务型、电子商务型等。
（3）根据网站功能，确定网站应达到的效果并确定网站类型。

（三）网站技术解决方案

根据网站的功能确定网站技术解决方案。
（1）租用虚拟主机的配置方案。
（2）网站安全性措施，防黑、防病毒方案。
（3）相关程序开发，如网页程序 ASP、JSP、CGI、数据库程序等。

（四）网站内容规划

（1）根据网站的目的和功能定位规划网站内容，一般企业网站应包括公司简介、产品介绍、服务内容、价格信息、联系方式、网上订单等基本内容。
（2）电子商务类网站要提供会员注册、详细的商品服务信息、信息搜索查询、订单确认、付款、相关帮助等。

（3）如果网站栏目比较多，则考虑采用网站编程专人负责相关内容。注意：网站内容是网站吸引浏览者的重要因素，无内容或不实用的信息不会吸引匆匆浏览的访客。可事先对人们希望阅读的信息进行调查，并在网站发布后调查人们对网站内容的满意度，并及时调整网站内容。

（五）网页设计

（1）网页设计一般要与企业整体形象一致，要符合 CI 规范。要注意网页色彩、图片的应用及版面规划，保持网页的整体一致性。

（2）新技术的采用要考虑主要目标访问群体的分布地域、年龄阶层、网络速度、阅读习惯等。

（3）制订网页改版计划，如半年到一年时间进行较大规模改版等。

（六）网站维护

（1）服务器及相关软硬件的维护。对可能出现的问题进行评估，制订响应时间。

（2）数据库维护。有效地利用数据是网站维护的重要内容，因此数据库的维护要受到重视。

（3）内容的更新、调整等。

（4）制订相关网站维护的规定，将网站维护制度化、规范化。

（七）网站测试

网站发布前要进行细致周密地测试，以保证正常浏览和使用。主要测试内容有：

（1）服务器稳定性、安全性。

（2）程序及数据库测试。

（3）网页兼容性测试，如浏览器、显示器。

（4）根据需要的其他测试。

（八）网站发布与推广

（1）网站测试后进行发布的公关、广告活动。

（2）搜索引擎登记等。

（九）网站建设日程表

各项规划任务的开始、完成时间，负责人等。

（十）费用明细

各项事宜所需费用清单。

以上为网站规划书中应该体现的主要内容，根据不同的需求和建站目的，内容也会有增加或减少。在建设网站之初一定要进行细致的规划，才能达到预期建站目的。

四、知识小结

读者通过了解网站建设策划方案的撰写方法，经过网站需求分析、网站定位和设计、技术解决方案、网站测试和发布以及售后等流程，要准确把握网站建设需求，善于站在客户的角度去思考问题。方案的写作要科学、认真、实事求是。一个完美网站建设方案对网站开发起着至关重要的作用。

任务四 网页基本构成与布局

一、任务描述

常见的网页一般包括标题、导航以及页面内容三部分。网页布局实际就是对导航栏、栏目及正文内容这三大页面基本组成元素进行组织布局。根据页面内容侧重点的不同，我们可以把网页布局分为导航型、内容型及导航内容结合型三种。

二、实施说明

如果想让自己的网站变得更生动完美，就必须让网页不仅有文字，还具有引人的声音、动画和图片等，实现图、文、声、像的完美结合。设计网页的第一步是设计版面布局，将网页看作一张报纸，一本杂志进行排版布局，这里要求我们学习和掌握一个网页的版面设计基础。

三、实现步骤

众所周知，报刊的版面是由文字、图形图像和一些线条花边构成的。线条花边仅仅是为了装饰，真正反映报刊内容的是文字和图形图像。因此，构成报刊的要素有两个：文字和图形图像。

Internet 是继报刊、广播、电视后一个全新的媒体，它独有的可以和浏览者进行信息交互的功能使人们对它无比青睐。能提供这种信息的就是网页。网页的制作具有与报刊相似的原理，但其难度和复杂性要比报刊的设计大得多。这是因为通过浏览器展现出来的网页除了文字、图形图像以外，还可能有视频、音频等多媒体信息以及由 VisualBasic、Java、ASP 等程序语言制作出来的交互功能；同时，网页还具有随时从一处链接到另外一处的功能。由此可见，构成网页的要素比报刊多得多。对于静态网页来说，文字和图形是它的基本要素。但对于动态网页来说，仅有文字和图形这两项是不够的，从根本上讲，还应有交互功能。另外，不管是静态的还是动态的，还有一项基本要素是其他媒体所不具备的，即 WWW 的最大特色——超链接。

（一）文字

文字是网页发布信息所用的主要形式，由文字制作出的网页占用空间小。因此，当用户浏览时，可以很快地展现在用户前面。另外，文字性的网页还可以利用浏览器中"文件"菜单下的"另存为"功能将其下载，便于以后长期阅读，也可以对其编辑打印。但是，没有编排点缀的纯文字网页又会给人带来死板不活泼的感觉，使得人们不愿意再往下浏览。所以，文字性网页一定要注意编排，包括标题的字型字号、内容的层次样式、是否需要变换颜色进行点缀等。

（1）标题。一个网页通常都有一个标题来表明网页的主要内容。标题是否醒目，是吸引浏览者能否注意的一个关键因素，因此对标题的设计是很重要的。

（2）字号。网页中的文字不能太大或太小。太大会使得一个网页信息量变小，太小又使人们浏览时感到费劲。一个优秀网页中的文字应该统筹规划，大小搭配适当，给人以生动活泼的感觉。

（3）字型。在网页适当的位置采用不同的字体字型也能使网页产生吸引人的效果。应该注意的是在报刊上变换字体字型非常普遍，它可以在不同的地方使用不同的字型。但在网页制作上却要慎重。因为有些美丽的字型在制作网页的计算机上有，但是将来别人浏览你的网页时，浏览者的计算机上未必安装过这种字体。这样浏览者就无法得到你预想的浏览效果，甚至适得其反。

如果只是标题或者少量的文字，可以将采用的特殊字体制作成图片的方式，这样就可以避免其他浏览者看不到的尴尬局面了。

（二）表格

当文本内容较多时，可以利用表格形式来实现。表格是在网页上的一行或多行单元格，用来组织网页的布局或系统地布置数据，用户可以在表格的单元格中放置任何东西，包括文字、图像和表单等。表格具有容量大、结构严谨和效果直观等多个优点，是网页中不可缺少的记录或总结工具。例如，办公电话网页，要列出所有单位的名称及电话，则适合用表格形式完成。

表格还可以用来控制网页信息的布局方式。许多大型的网站都是使用表格来进行页面布局的。另外，使用表格能使页面看起来更加直观和有条理。

（三）图像

这里的图像概念是广义的，它可以是普通的绘制图形，也可以是各种图像，还可以是动画。一个优秀的网页除了有能吸引浏览者的文字形式和内容外，图形的表现功能是不能低估的。网页上的图形格式一般使用 JPEG 和 GIF，这两种格式具有跨平台的特性，可以在不同的操作系统支持的浏览器上显示。

图形在网页中通常有如下应用：

（1）菜单按钮。网页上的菜单按钮有一些是由图形制作的，通常有横排和竖排两种形式，由此可以转入不同的页面，如图 2-4-1 所示。

图 2-4-1　图形按钮

（2）背景图形。为了加强视觉效果，有些网页在整个网页的底层放置了图形，称为背景图。背景图可以使网页更加华丽，使人感到界面友好。如图 2-4-2 所示，网页中所有标题图片、主页中新闻部分的背景图等都是利用 Photoshop 对背景图进行处理获得的。加入背景图片后，既美化了网页，又突出了主题。

图 2-4-2　背景图形

（四）链接标志

链接是网页中一种非常重要的功能，也是网页中最重要、最根本的元素之一。通过链接可以从一个网页转到另外一个网页，也可以从一个网站转到另外一个网站。链接的标志有文字和图形两种。可以制作一些精美的图形作为链接按钮，使它和整个网页融为一体。示例如图 2-4-3 所示。

图 2-4-3　链接标志

（五）交互功能

Internet 区别于其他媒体的一个重要标志就是它的交互功能。例如，在商务网站的页面上，人们经过浏览选择了某一个产品，就需要将自己的决定通过 Internet 告诉这个网站，网站能够自动对该产品的数据库进行检索，及时回应有还是没有，数量、规格、价格等信息。如果用户选择确定，那么网站能够返回确认信息。这种交互功能，其他媒体是无法比拟的。

通常网页的交互功能都是利用表单来实现的。有表单的网页的站点服务器处理一组数据输入域，当访问者单击按钮或图形来提交表单后，数据就会传送到服务器上。示例如图 2-4-4所示。

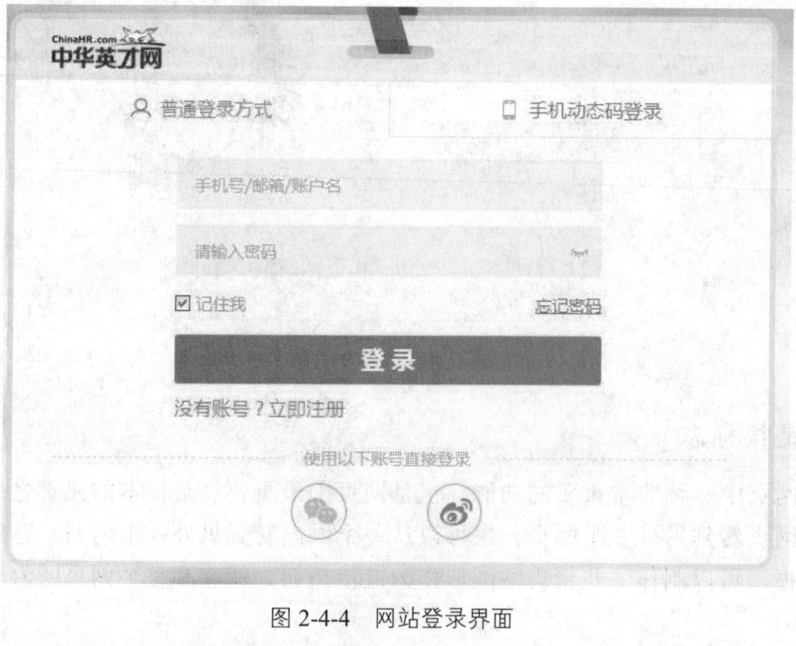

图 2-4-4　网站登录界面

（六）声音和视频

声音和视频也是网页的一个重要组成部分，尤其是多媒体网页，更是离不开声音和视频。

目前有各种不同类型的声音文件，也有不同的方法将这些声音添加到网页中。在决定添加声音之前，需要考虑声音的用途、文件大小、声音品质和浏览器差别等因素。不同的浏览器对声音文件的处理方法不同，彼此之间很可能不兼容。

一般来说，不要使用声音文件作为背景音乐，因为那样会影响网页的下载速度。但可以在网页中添加一个打开声音文件的链接，使声音变得可以控制。

视频文件的格式也非常多，常见的有 Realplay、MPEG、DivX 等。采用视频文件可以使网页变得精彩、生动。

除了上述网页的基本构成之外，还有一种特殊的网页叫框架网页。框架网页将显示区域划分成多个独立区域。框架网页实际上包含了多个网页，一个是主框架网页，该网页定义框架的名称、位置及尺寸等，在浏览器中不显示。每个框架实际上都是一个独立的网页文件。因此，在制作网页时，既可以直接将已经制作好的网页放入框架，也可以为每个框架制作新网页。

此外，一般用到的网页美化软件有 Photoshop、Fireworks 和 Flash 等。

（七）网站版式类型

网页的排版是指将网页内容在页面上有规则地进行排列布置，而网站版式类型则是各种网页不同排版方式的组合。网页的版式可以根据自己的需求来设计，比较常见的有以下几种：

（1）上左中右型。这种版式一般是在顶部显示 Banner 和导航条，左侧部分用来显示会员注册信息及友情链接等，中间部分用来显示正文内容，右侧部分用来显示广告信息等。示例如图 2-4-5 所示。

图 2-4-5　上左中右型

（2）上左右型。这种版式同上左中右型类似，只不过是将右侧广告信息与正文内容合并在一起，如图 2-4-6 所示。

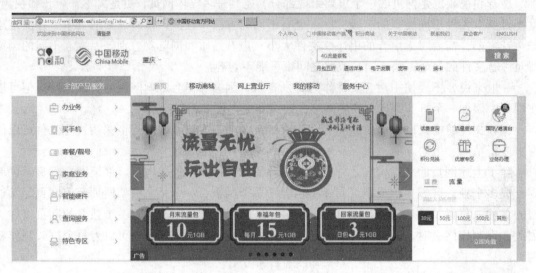

图 2-4-6　上左右型

（3）左中右型。这种版式一般是在网页的左侧显示导航栏，中间显示正文内容，右侧显示一些友情链接或页边广告条等，如图 2-4-7 所示。

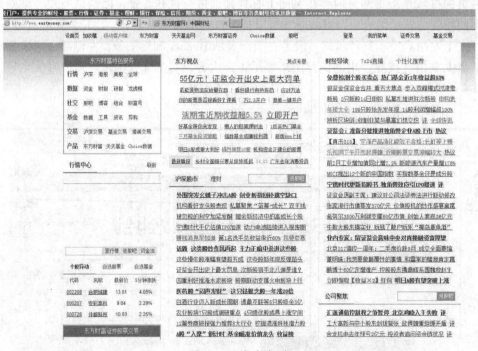

图 2-4-7　左中右型

（4）满版型。这种类型的网页版式没有明显的分界形式，通常由一幅图像或一个 Flash 动画来完成网页内容安排。个人网站和一些时尚艺术类站点大多数采用此类型版式，如图 2-4-8 所示。

图 2-4-8 满版型

四、知识小结

通过学习网页的基本构成与布局，读者了解到网页构成的基本元素是文字、表格、图形、链接标志、交互功能、声音和视频等。文中主要介绍了网站的上左中右型、上左右型、左中右型、满版型等版式。

项目三　网站管理

【项目简介】

在 Dreamweaver 中，术语"站点"指属于某个网站的文档的本地或远程存储位置。简单地讲，一个个网页文档连接起来就构成了站点。站点可以小到一个网页，也可以大到一个网站。站点分为远程站点和本地站点。远程站点为用户在互联网上访问的各种站点，远程站点的文件都存储在互联网服务器上。由于直接建立和维护远程站点有诸多困难，因此通常在本地计算机上先完成网站的建设，形成本地站点，再上传到互联网服务器上。Dreamweaver 提供了对站点的创建及管理功能，通过树型结构来展示网站的内容分布，从而实现对站点布局及细节内容的展示及修改。本项目将介绍新建站点、站点文件管理的基本步骤、创建网页模板和利用模板创建网页的方法。

【学习目标】

（1）了解什么是站点。
（2）了解什么是网页模板。
（3）掌握新建站点的基本方法。
（4）掌握站点文件管理的基本方法。
（5）掌握创建网页模板的基本方法。
（6）掌握根据模板创建网页的基本方法。

任务一 定义站点

一、任务描述

在 D 盘根目录下创建一个名为"某某的个人站点"的本地站点文件夹，使用网页编辑软件 Dreamweaver CS6，创建站点名称为"某某的个人网站"的个人网站。

二、实施说明

在建立一个网站前，必须先定义一个站点，网站内的所有文件都存放在该站点中，这样不仅方便操作和维护，同时也大大提高了工作效率。

三、实现步骤

（1）打开 Dreamweaver CS6 软件，单击"站点"|"管理站点"命令，如图 3-1-1 所示。

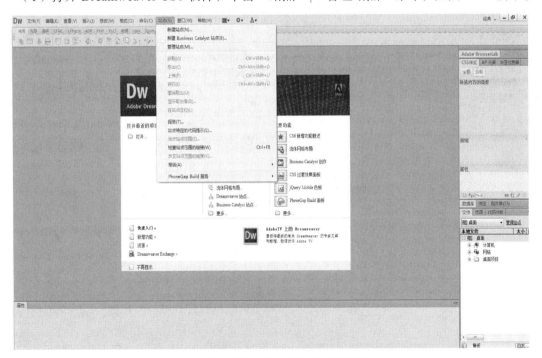

图 3-1-1 使用"站点"菜单打开"管理站点"

（2）在弹出的"管理站点"对话框中选择"新建"，如图 3-1-2 所示。

（3）在弹出的"站点设置对象 未命名站点 2"对话框中右侧输入站点名称和本地站点文件夹所在位置，单击"保存"按钮，如图 3-1-3 所示。

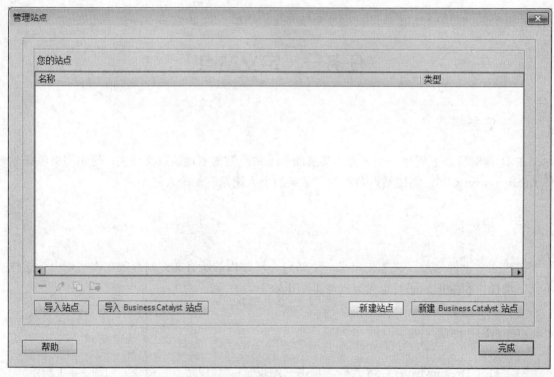

图 3-1-2　创建前的"管理站点"对话框

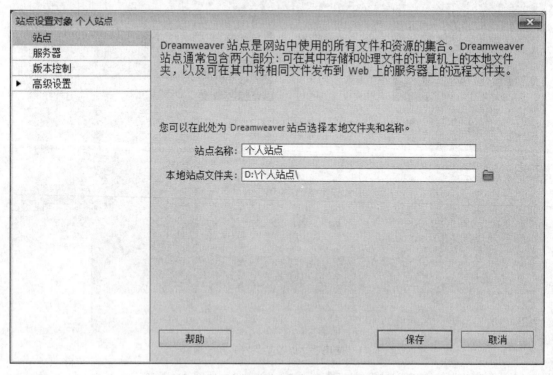

图 3-1-3　"站点设置对象个人站点"对话框

（4）返回到"管理站点"对话框，在对话框中可以看到在上一步中新建的站点名称，双击站点名称即可修改，最后单击"完成"按钮，如图 3-1-4 所示。

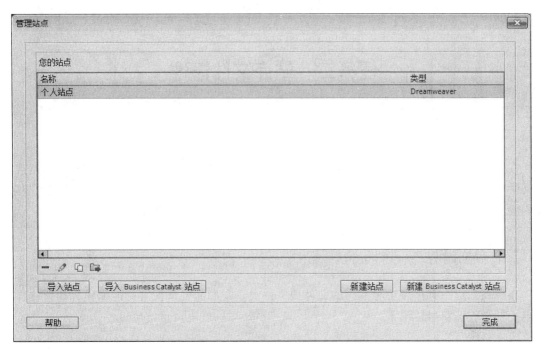

图 3-1-4　创建后的"管理站点"对话框

（5）在 Dreamweaver 软件的右下方，我们也可以看到刚刚新建的站点名称和本地站点文件夹所在位置，如图 3-1-5 所示。

图 3-1-5　创建好的站点示意图

四、知识小结

我们将所有的页面都存放在"个人站点"中。随着站点规模越来越大，在文件数量越来越多的情况下，管理站点也越来越困难。因此，应该合理地使用和组织文件夹来管理页面文件，将素材和其他类别（不同功能）的文件分别存放在不同的文件夹中，并以适当的文件夹命名。

任务二　站点文件管理

一、任务描述

在任务一中，我们已经掌握了定义站点的方法。下面我们继续来学习如何在本地站点文件夹中对站点文件进行管理，如何新建文件（夹）、重命名文件（夹）、复制文件（夹）、移动和删除文件（夹）等，并指定个人站点默认图像文件夹，导出和导入站点。

二、实施说明

在个人站点中有很多功能不同的文件或文件夹，我们需要掌握常见的操作，如新建、重命名、复制、移动和删除等。

三、实现步骤

（1）在个人站点中新建文件和文件夹的方法是一样的，选中"本地文件"下个人站点，在下方空白处单击右键，选择"新建文件"或"新建文件夹"即可，如图 3-2-1 所示。新建文件命名为"123.html"，新建文件夹命名为"456"和"789"，如图 3-2-2 所示。

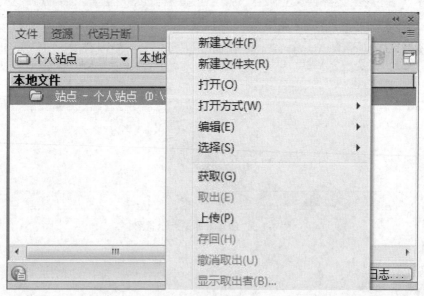

图 3-2-1　在个人站点单击右键弹出的快捷菜单

（2）重命名文件或文件夹是在个人站点中选中文件或文件夹后再按"F2"快捷键即可重命名。将"123.html"文件重命名为"index.html"，将"456"文件夹重命名为"css"，将"789"文件夹重命名为"images"，如图 3-2-3 所示。

图 3-2-2　在个人站点中新建文件和文件夹

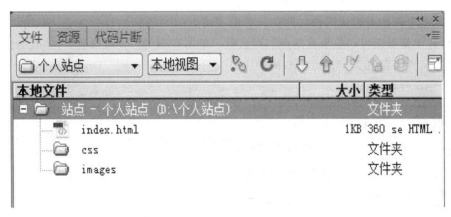

图 3-2-3　在个人站点中重命名文件和文件夹

（3）使用快捷键"Ctrl+D"复制文件或文件夹。复制"index.html"文件和"css"文件夹在同一目录，如图 3-2-4 所示。

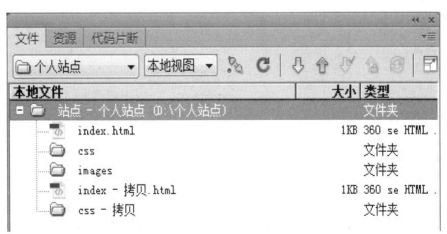

图 3-2-4　在个人站点中复制文件和文件夹

（4）移动文件或文件夹直接采用拖放的方法。选中需要移动的文件或文件夹，按住鼠标左键不放将其拖放到目标位置即可完成移动，将"css - 拷贝"文件夹移动到"css"文件夹中，使用"Delete"删除键删除文件"index - 拷贝.html"，如图 3-2-5 所示。

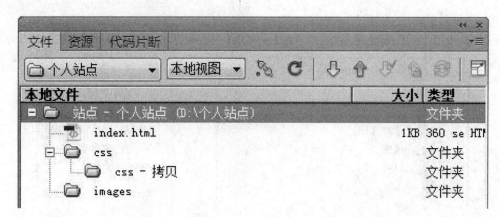

图 3-2-5　在个人站点中移动文件夹和删除文件

（5）指定个人站点默认图像文件夹。单击"站点" | "管理站点"命令，双击"您的站点名称"，打开"站点设置对象个人站点"对话框，单击左侧的"高级设置"选项，此时可以看到默认图像文件夹路径为空，点击右侧的浏览文件夹，分别找到"D:\个人站点\images"，如图 3-2-6 所示。

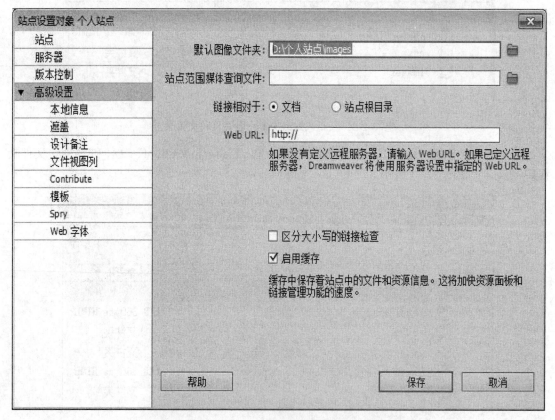

图 3-2-6　在个人站点中设置默认图像文件夹位置

（6）导出站点。在"管理站点"对话框中选中需要导出的站点，然后单击下面的"导出当前选定的站点"按钮，如图 3-2-7 所示；在弹出的"导出站点"对话框中为导出的站点文件命名，如图 3-2-8 所示；最后单击"保存"，导出的站点文件扩展名为.ste。

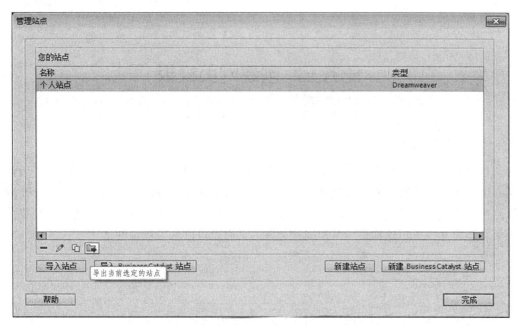

图 3-2-7 导出指定站点示意图

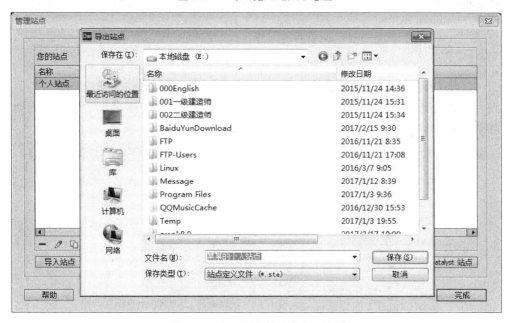

图 3-2-8 导出指定站点命名示意图

四、知识小结

在站点文件管理中，需要特别注意文件夹的从属关系，在"文件窗口"中文件夹以树型结构显示。如文件夹左边有"+"号样式，则该文件夹下还有子文件夹或文件；如果删除左边有"+"号样式的文件夹，则其文件夹下的子文件夹和文件将一并删除。

重命名文件或文件夹除可以使用右键弹出快捷菜单外，还可以使用快捷键"F2"。

任务三　创建网页模板

一、任务描述

制作网页模板是制作网页的一种非常便捷和有效的方法。当我们制作网站时，一般情况下网页的顶部和底部页面都是相同的，像导航栏、banner 条。如果每制作一个网页就要重新设计这些内容是很耗时的，为了提高工作效率，我们可以使用 Dreamweaver 为我们提供的网页模板功能建立模板，这样以后新建同种类型的页面就可以从模板页创建。

二、实施说明

将网页中一部分固定不变的内容布局好后，再在有变化的内容区域中插入可编辑区域（可编辑区域可以是一个或多个），最后把网页文件保存为以扩展名为".dwt"的模板文件。

三、实现步骤

（1）打开 Dreamweaver CS6 软件，单击"文件"|"新建"命令，打开"新建文档"对话框，在"页面类型"中选择"HTML 模板"；在"布局"选项中选择"无"，单击"创建"确定，如图 3-3-1 所示。

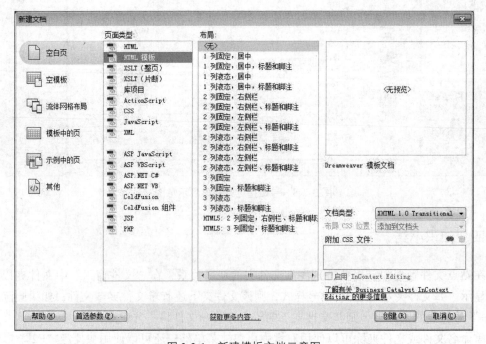

图 3-3-1　新建模板文档示意图

（2）成功创建 HTML 模板后，打开模板编辑窗口，可以像编辑普通网页一样编辑模板，如图 3-3-2 所示。

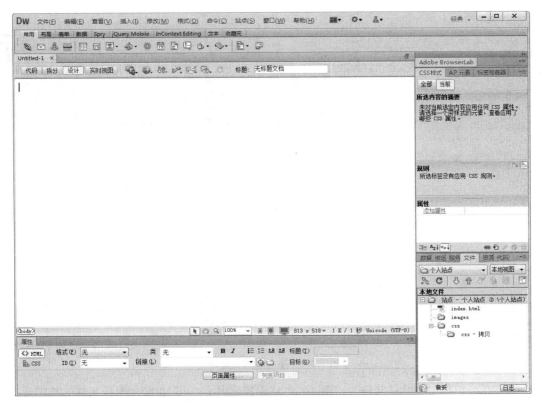

图 3-3-2　新建模板编辑窗口

（3）如图 3-3-3 所示，创建 HTML 模板，留出一些空白的空间给可编辑的区域。

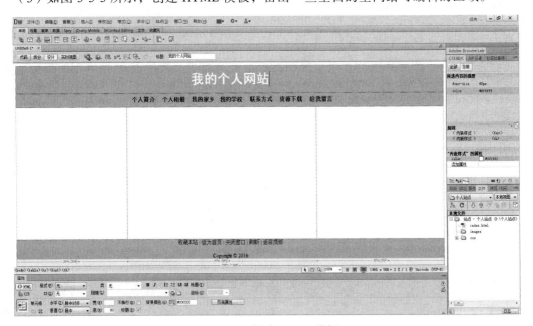

图 3-3-3　新建 HTML 模板

（4）将鼠标光标定位到需要插入编辑区域的地方，然后在菜单栏中打开"插入"|"模板对象"|"可编辑区域"，如图 3-3-4 所示。

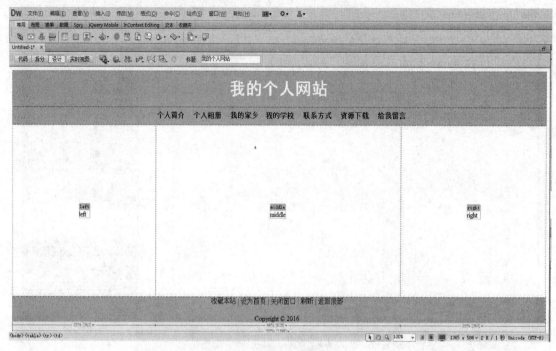

图 3-3-4　插入可编辑区域

（5）在菜单栏中打开"文件"|"保存"（或按快捷键 Ctrl+S），保存模板文件，如图 3-3-5 所示。

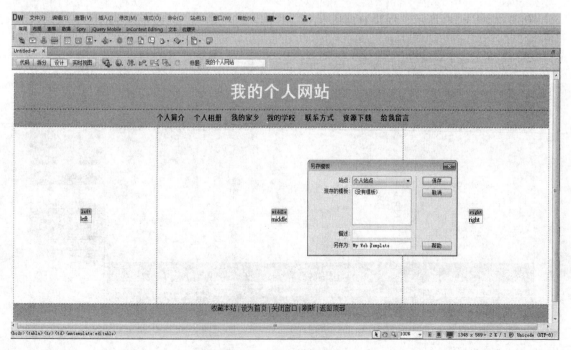

图 3-3-5　保存模板文件

（6）在个人站点中即可看到刚刚创建好的模板文件，如图 3-3-6 所示。

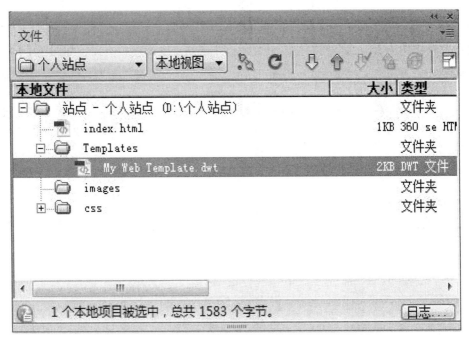

图 3-3-6 查看模板文件

四、知识小结

创建网页模板必须先建立网站站点。将鼠标光标定位到需要插入编辑区域的地方，然后在菜单栏中打开"插入" | "模板对象" | "可编辑区域"，建立好可编辑区域后可以直接在这里输入相应的内容，大多数需要不断更新。然后直接按"CTRL+S"保存这个模板，网页模板的格式是".dwt"文件。

任务四 根据模板创建网页

一、任务描述

前一节介绍了如何利用 Dreamweaver 创建模板，接下来学习如何利用模板创建网页。

二、实施说明

个人站点中包含有模板文件，那么在新建文档中选择"模板中的页"就可以看到该模板，根据该模板创建网页并插入具体的内容后保存网页即可。

三、实现步骤

（1）打开 Dreamweaver CS6 软件，单击"文件"|"新建"命令，打开"新建文档"对话框，选中"模板中的页"后会在右侧自动显示出个人站点中的模板页面，如图 3-4-1 所示。

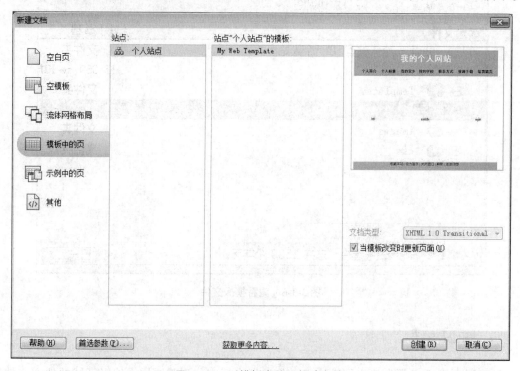

图 3-4-1　以模板中的页新建文档

（2）根据个人站点的模板文件"My Web Template"创建网页，如图 3-4-2 所示。

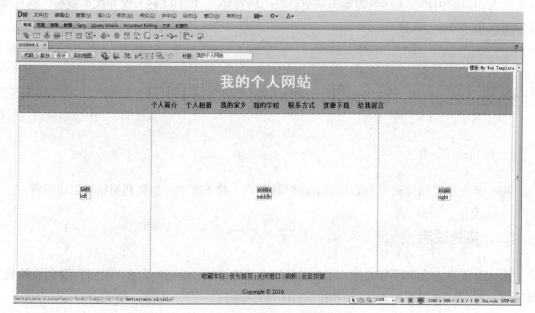

图 3-4-2　根据模板创建网页示意图

（3）单击"文件"|"保存"命令，将刚才根据模板创建的网页保存，如图3-4-3所示。

图 3-4-3　保存网页示意图

（4）在可编辑区域中插入具体的内容后保存，这样一个网页就做好了，如图3-4-4所示。可以看到，在以模板文件创建的网页中，只有建立模板时指定的可编辑区域才可以被编辑修改，其他部分是无法编辑和修改的。

图 3-4-4　在可编辑区域插入相关信息

四、知识小结

根据模板创建网页，实际上是将模板中一个或多个可编辑区域进行填充和完善，再将填充和完善后的模板保存为新的网页名称，其他非可编辑区域是无法更改的。

项目四　网页文本修饰与段落修饰

【项目简介】

网站是 Internet 上的一个重要平台，已经成为当今不可缺少的展示和获取信息的来源。一个网站是由相互关联的多个网页构成的，网页上的信息包含文本、图像、动画、声音、视频等多种元素。本项目将介绍 HTML5 的基本构成、用 HTML 标记进行文本修饰、用 CSS 样式进行文本修饰以及段落修饰的应用知识。

【学习目标】

（1）了解 HTML5 的基本构成。
（2）掌握用 HTML 标记进行文本修饰。
（3）掌握用 CSS 样式进行文本修饰。
（4）掌握网页文本的段落修饰方法。

任务一　HTML5 的基本构成

一、任务描述

HTML5 是对 HTML (Hyper Text Markup Language)标准的第五次修订。其主要目标是将互联网语义化，以便更好地被人类和机器阅读，并提供更好地支持嵌入各种媒体。HTML5 的语法是向后兼容的。

HTML5 草案的前身为 Web Applications 1.0，于 2004 年被 WHATWG 提出，于 2007 年被 W3C 接纳，并成立了新的 HTML 工作团队。

HTML5 手机应用的最大优势是可以在网页上直接调试和修改。原先应用的开发人员可能需要花费非常大的力气才能达到 HTML5 的效果，因为需要不断地重复编码、调试和运行。这是首先得解决的一个问题，因此许多手机杂志客户端是基于 HTML5 标准，开发人员可以轻松调试修改。

HTML5 将会取代 1999 年制订的 HTML 4.01、XHTML 1.0 标准，以期能在互联网应用迅速发展的时候，网络标准达到符合当代的网络需求，为桌面和移动平台带来无缝衔接的丰富内容。

HTML5 的设计目的是为了在移动设备上支持多媒体。新的语法特征被引进以支持这一点，如 video、audio 和 canvas 标记。HTML5 可以更好地促进用户和网站间之间的互动，多媒体网站可以获得更多的改进，特别是在移动平台上的应用，使用 HTML5 可以提供更多高质量的视频和音频流。随着移动互联网的飞速发展，目前 HTML5 技术也得到了不断完善，技术方面也越来越成熟，已成为目前主流的开发语言之一。

二、实施说明

以新建一个 HTML5 文档为例来查看该页面的基本构成。

三、实现步骤

（1）打开 Dreamweaver CS6 软件，单击"文件"|"新建"命令，在打开的"新建文档"对话框中，注意选择文档类型为：HTML5，如图 4-1-1 所示。

（2）成功新建一个 HTML 5 文档后，单击 Dreamweave 左上方的"代码"视图按钮，即可看到一个由图 4-1-2 所示的元素组成的 HTML 5 文档。

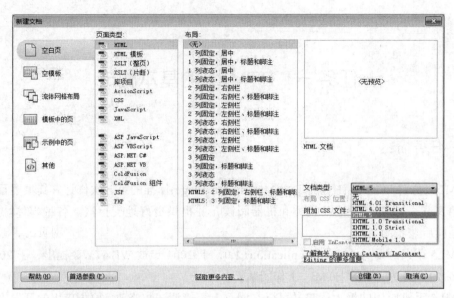

图 4-1-1　新建 HTML5 文档对话框

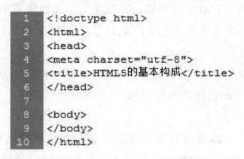

图 4-1-2　HTML5 文档的基本构成

（3）每个 HTML 文档都包含以下基本元素：

① <!doctype>声明：在 HTML 5 中只有一个<!doctype html>。<!doctype> 标签没有结束标签，且对大小写不敏感。

② <html>标签：html 开始标签。

③ <head>标签：<head> 标签用于定义文档的头部，它是所有头部元素的容器。<head> 中的元素可以引用脚本，指示浏览器在哪里找到样式表，提供元信息等。

④ <meta>标签：meta 标签是 html 标记 head 区的一个关键标签，提供文档字符集、使用语言、作者等基本信息，以及设定关键词和网页等级等，最大作用是能够做搜索引擎优化(SEO)。

⑤ <title>标签：定义文档的标题。

⑥ <body>标签：定义文档的主体。body 元素包含文档的所有内容，表示网页的主体部分，也就是用户可以看到的内容，如文本、图片、音频、视频等。

四、知识小结

随着 Android、IOS 手机、平板计算机等各种 App 的不断扩增，加上对过去传统 HTML

的各种不完善，HTML5 解决了不需任何额外的插件（如 Flash，Silverlight 等）就可以传输所有内容，包括动画、视频、丰富的图形用户界面等。

任务二　用 HTML 标记进行文本修饰

一、任务描述

文本是一个网页中最基本的部分，一个标准的文本页面可以起到传递有效信息的作用。一个优秀网页应该把文本组织成一个有吸引力且有效的文档。当人们浏览网页时，不仅可以传递信息，还可以给人以美的享受，这也正是 HTML 的优点。如改变文本大小和颜色，文本加粗和斜体，添加下画线等。

二、实施说明

HTML 标记进行文本修饰主要是强调某一部分文字，或者让文字有所变化。常用于优化文本显示。

三、实现步骤

（1）HTML 常用的文本修饰标签如图 4-2-1 所示。可以看到，应用相应的文本修饰标签后会得到不同的效果。

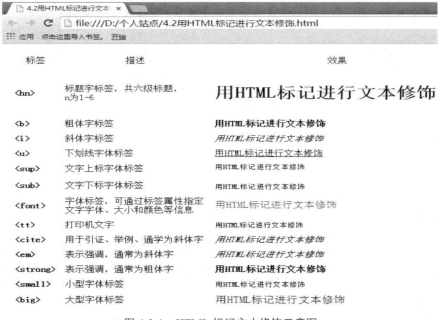

图 4-2-1　HTML 标记文本修饰示意图

（2）图 4-2-1 对应代码如下：

```
<!doctype html>
<html>
<head>
<meta charset="utf-8">
<title>4.2 用 HTML 标记进行文本修饰</title>
</head>
<body>
<table width="745" border="0" cellpadding="0" cellspacing="12">
  <tr>
    <td width="10%" height="27" align="center">标签</td>
    <td width="33%" align="center">描述</td>
    <td width="57%" align="center">效果</td>
  </tr>
  <tr>
    <td><strong>&lt;hn&gt;</strong></td>
    <td><p>标题字标签，共六级标题，<br>
    n 为 1-6</p></td>
    <td><h1>用 HTML 标记进行文本修饰</h1></td>
  </tr>
  <tr>
    <td><strong>&lt;b&gt;</strong></td>
    <td>粗体字标签</td>
    <td><b>用 HTML 标记进行文本修饰</b></td>
  </tr>
  <tr>
    <td><strong>&lt;i&gt;</strong></td>
    <td>斜体字标签</td>
    <td><i>用 HTML 标记进行文本修饰</i></td>
  </tr>
  <tr>
    <td><strong>&lt;u&gt;</strong></td>
    <td>下画线字体标签</td>
    <td><u>用 HTML 标记进行文本修饰</u></td>
  </tr>
  <tr>
    <td><strong>&lt;sup&gt;</strong></td>
    <td>文字上标字体标签</td>
    <td><sup>用 HTML 标记进行文本修饰</sup></td>
```

```
  </tr>
  <tr>
    <td><strong>&lt;sub&gt;</strong></td>
    <td>文字下标字体标签</td>
    <td><sub>用 HTML 标记进行文本修饰</sub></td>
  </tr>
  <tr>
    <td><strong>&lt;font&gt;</strong></td>
    <td>字体标签，可通过标签属性指定文字字体、大小和颜色等信息</td>
    <td><font color="#FF0000" face= face="Comic Sans MS, cursive", Times, serif"
size="+1">用 HTML 标记进行文本修饰</font></td>
  </tr>
  <tr>
    <td><strong>&lt;tt&gt;</strong></td>
    <td>打印机文字</td>
    <td><tt>用 HTML 标记进行文本修饰</tt></td>
  </tr>
  <tr>
    <td><strong>&lt;cite&gt;</strong></td>
    <td>用于引证、举例，通常为斜体字</td>
    <td><cite>用 HTML 标记进行文本修饰</cite></td>
  </tr>
  <tr>
    <td><strong>&lt;em&gt;</strong></td>
    <td>表示强调，通常为斜体字</td>
    <td><em>用 HTML 标记进行文本修饰</em></td>
  </tr>
  <tr>
    <td><strong>&lt;strong&gt;</strong></td>
    <td>表示强调，通常为粗体字</td>
    <td><strong>用 HTML 标记进行文本修饰</strong></td>
  </tr>
  <tr>
    <td><strong>&lt;small&gt;</strong></td>
    <td>小型字体标签</td>
    <td><small>用 HTML 标记进行文本修饰</small></td>
  </tr>
  <tr>
    <td><strong>&lt;big&gt;</strong></td>
```

```
        <td>大型字体标签</td>
        <td><big>用 HTML 标记进行文本修饰</big></td>
    </tr>
</table>
<p> </p>
</body>
</html>
```

四、知识小结

标签的标记都要用尖括号"<>"括起来，成对使用的标签的结束标记是在开始标记之前加一反斜杠"/"，如 <html>与</html>；代码不区分大小写，如<boDY>与<BODy>都是正确的，但是所有符号如< > 、" "都必须是英文输入法下输入的；标记<!--...--> 标签表示其中的内容是注释语句，在浏览器中不会显示出来。

任务三　用 CSS 样式进行文本修饰

一、任务描述

CSS（Cascading Style Sheets），即层叠样式表，是一种用来表现 HTML（标准通用标记语言的一个应用）或 XML（标准通用标记语言的一个子集）等文件样式的计算机语言。CSS 不仅可以静态地修饰网页，还可以配合各种脚本语言动态地对网页各元素进行格式化。CSS 为 HTML 标记语言提供了一种样式描述，定义了其中元素的显示方式。CSS 在 Web 设计领域是一个突破，利用它可以实现修改一个小的样式，更新与之相关的所有页面元素。本任务主要介绍了样式表文件的使用方法、CSS 构造样式的规则以及样式选择器的类型。

二、实施说明

CSS 语言是一种标记语言，因此不需要编译，可以直接由浏览器执行(属于浏览器解释型语言)。

CSS 文件是一个文本文件，它包含了一些 CSS 标记。CSS 文件必须使用".css"为文件名后缀。

三、实现步骤

（一）创建内部样式表

创建内部样式表的实例代码如下：

```
<!doctype html>
<html>
<head>
<meta charset="utf-8">
<title>任务 4.3.1</title>
<style type="text/css">
/*设置一级标题为蓝色，字体大小为 35px，水平居中*/
h1{
font-size:35px;
color:blue;
text-align:center;
}
</style>
</head>
<body>
<h1>构造样式规则</h1>
</body>
</html>
```

实例效果如图 4-3-1 所示。

图 4-3-1　构造样式规则

说明：

（1）在样式表中，"/*"代表注释开始，"*/"代表注释结束，两者中间输入注释内容，注释信息可长可短可换行，注释可单独在每一行上标识，也可以放在声明块里。因涉及网页文件后期的修改和维护，所以注释不仅仅对代码编写者有用，对于阅读代码的其他人也有好处。但注释不能嵌套。例如：

```
/*以下为注释内容：
CSS 是用于布局与美化网页的。
CSS 是大小写不敏感的，CSS 与 css 是一样的。
CSS 是由 W3C 的 CSS 工作组产生和维护的。*/
```

（2）每一条声明的顺序可随机调换，如果对相同的属性定义了两次，最终执行的属性是最后一次。在本例中，"font-size:35px." 也可以放在 "text-align:center" 后面，效果不会发生变化。例如：

```
<style type="text/css">
h1{
color:blue;
text-align:center;
font-size:35px;
}
</style>
```

（二）创建和应用外部样式表

能创建和编写 CSS 的工具有很多，我们以 Dreamweaver CS6 环境下创建 CSS 为例创建一个外部样式表，如图 4-3-2、图 4-3-3 所示。

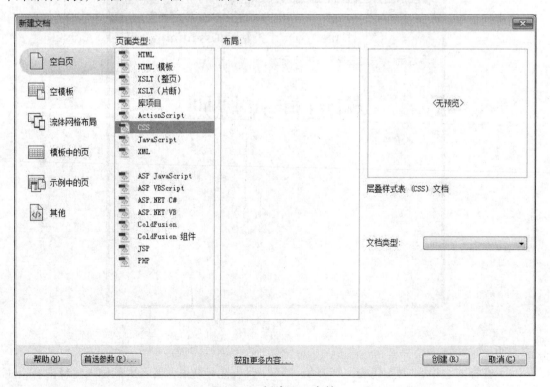

图 4-3-2　新建 CSS 文档

图 4-3-3　CSS 文档

（1）将（一）中的样式表内容放到新建的 CSS 文档中并保存，文件名为 base.css，如图 4-3-4 所示。

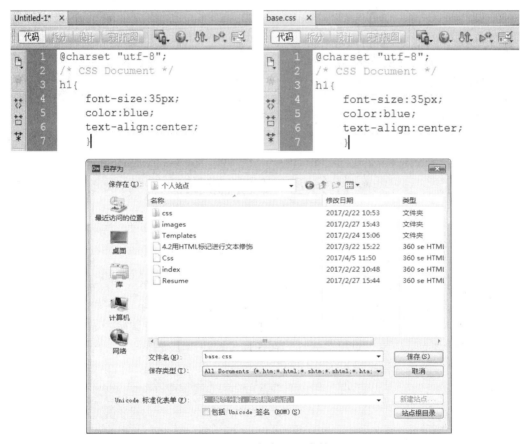

图 4-3-4　保存 CSS 文档

（2）输入以下代码：<link rel="stylesheet" href="base.css">，将新建的 base.css 外部样式表应用到页面文件中，如图 4-3-5 所示。出于简化目的，链接页面 css.html 和 base.css 在同一个路径下。不过，在实践中最好将样式表统一存放在子文件夹中，常见的样式文件夹包括 css、style 等。

图 4-3-5　使用 CSS 文档

四、知识小结

为了更好地理解 CSS，将 CSS 看作两步：一步是做个"记号"；另一步是根据记号设置样式。网页的内容和样式是分开的。"记号"便是能标识网页中某部分内容的关键字词（选择器）；而根据记号设置样式，就是根据记号设置标识的那部分内容的样式。

任务四　段落修饰

一、任务描述

一个网页的外观很大程度上取决于页面的排版和修饰。在 HTML 中段落主要由<p>
等定义。<p>标签所标识的文字，代表同一个段落的文字。下一个<p>标签的开始就意味着上一个<p>标签的结束；
标签表示强制换行，换行标签是一个没有结尾的标签，即无结束标签，此类标签称之为单标签，也叫空标签。在任何位置使用了
标签，当文件显示在浏览器时，该标签之后的内容将显示在下一行。

二、实施说明

在 Dreamweaver CS6 中新建一段落，文字居中显示，在此段落中添加首行缩进两个字符。

三、实现步骤

（1）新建一个 HTML 文档，将学院简介的文字素材放到页面中，效果如图 4-4-1 所示。

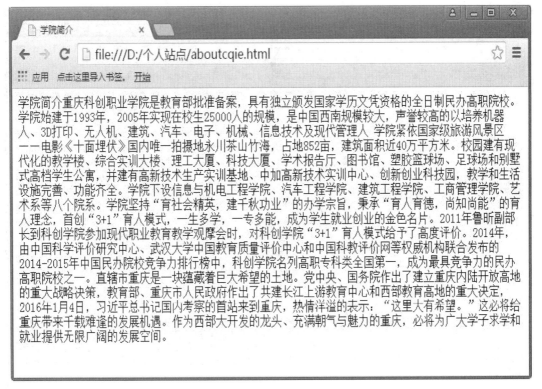

图 4-4-1　段落修饰前效果图

（2）分别在相应的位置添加上<p>、</p>标签，示意图如图 4-4-2 所示，效果如图 4-4-3 所示。

```
1  <!DOCTYPE html PUBLIC "-//W3C//DTD XHTML 1.0 Transitional//EN"
   "http://www.w3.org/TR/xhtml1/DTD/xhtml1-transitional.dtd">
2  <html xmlns="http://www.w3.org/1999/xhtml">
3  <head>
4  <meta http-equiv="Content-Type" content="text/html; charset=utf-8" />
5  <title>学院简介</title>
6  </head>
7  <body>
8  <p>学院简介重庆科创职业学院是教育部批准备案，具有独立颁发国家学历文凭资格的全日制民办高职院校。
   学院始建于1993年，2005年实现在校生25000人的规模，是中国西南规模较大，声誉较高的以培养机器人、3D
   打印、无人机、建筑、汽车、电子、机械、信息技术及现代管理人才为主的全日制普通高职院校。</p><p>学院紧依国家级旅游
   风景区—电影《十面埋伏》国内唯一拍摄地永川茶山竹海，占地852亩，建筑面积近40万平方米。校园建有现
   代化的教学楼、综合实训大楼、理工大厦、科技大厦、学术报告厅、图书馆、塑胶篮球场、足球场和别墅式
   高档学生公寓，并建有高新技术生产实训基地、中加高新技术实训中心、创新创业科技园，教学下设信息
   与机电工程学院、汽车工程学院、建筑工程学院、工商管理学院、艺术系等八个院系。学和生活设施完善、功能齐全。</p><p>学院
   坚持"育社会精英，建千秋功业"的办学宗旨，秉承"育人育德，尚知尚能"的育人理念，首创"3+1"育人模式，
   一生多学，一专多能，成为学生就业创业的金色名片。2011年鲁昕副部长到科创学院参加现代职业教育教学
   观摩会时，对科创学院"3+1"育人模式给予了高度评价。</p><p>2014年，由中国科学评价研究中心、武汉大学中国教育
   质量评价中心和中国科教评价网等权威机构联合发布的2014-2015年中国民办院校竞争力排行榜中，科创学院
   名列高职专科类全国第一，成为最具竞争力的民办高职院校之一。</p><p>直辖市重庆是一块蕴藏着巨大希望的土地。党
   中央、国务院作出了建立重庆内陆开放高地的重大战略决策，教育部、重庆市人民政府作出了共建长江上游
   教育中心和西部教育高地的重大决定，2016年1月4日，习近平总书记国内考察的首站来到重庆，热情洋溢的
   表示："这里大有希望。"这必将给重庆带来千载难逢的发展机遇。作为西部大开发的龙头、充满朝气与魅力
   的重庆，必将为广大学子求学和就业提供无限广阔的发展空间。</p>
9  </body>
10 </html>
```

图 4-4-2　增加<p>标签示意图

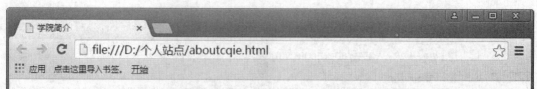

学院简介重庆科创职业学院是教育部批准备案，具有独立颁发国家学历文凭资格的全日制民办高职院校。学院始建于1993年，2005年实现在校生25000人的规模，是中国西南规模较大，声誉较高的以培养机器人、3D打印、无人机、建筑、汽车、电子、机械、信息技术及现代管理人才为主的全日制普通高职院校。

学院紧依国家级旅游风景区——电影《十面埋伏》国内唯一一拍摄地永川茶山竹海，占地852亩，建筑面积近40万平方米。校园建有现代化的教学楼、综合实训大楼、理工大厦、科技大厦、学术报告厅、图书馆、塑胶篮球场、足球场和别墅式高档学生公寓，并建有高新技术生产实训基地、中加高新技术实训中心、创新创业科技园，教学院下设信息与机电工程学院、汽车工程学院、建筑工程学院、工商管理学院、艺术系等八个院系。学和生活设施完善、功能齐全。

学院坚持"育社会精英，建千秋功业"的办学宗旨，秉承"育人育德，尚知尚能"的育人理念，首创"3+1"育人模式，一生多学，一专多能，成为学生就业创业的金色名片。2011年鲁昕副部长到科创学院参加现代职业教育教学观摩会时，对科创学院"3+1"育人模式给予了高度评价。

2014年，由中国科学评价研究中心、武汉大学中国教育质量评价中心和中国科教评价网等权威机构联合发布的2014-2015年中国民办院校竞争力排行榜中，科创学院名列高职专科类全国第一，成为最具竞争力的民办高职院校之一。

直辖市重庆是一块蕴藏着巨大希望的土地。党中央、国务院作出了建立重庆内陆开放高地的重大战略决策，教育部、重庆市人民政府作出了共建长江上游教育中心和西部教育高地的重大决定，2016年1月4日，习近平总书记国内考察的首站来到重庆，热情洋溢的表示："这里大有希望。"这必将给重庆带来千载难逢的发展机遇。作为西部大开发的龙头、充满朝气与魅力的重庆，必将为广大学子求学和就业提供无限广阔的发展空间。

图 4-4-3　增加<p>标签后效果图

（3）在每一段文字前增加首行缩进两个字符。效果如图 4-4-4 和图 4-4-5 所示。

```
1  <!DOCTYPE html PUBLIC "-//W3C//DTD XHTML 1.0 Transitional//EN"
   "http://www.w3.org/TR/xhtml1/DTD/xhtml1-transitional.dtd">
2  <html xmlns="http://www.w3.org/1999/xhtml">
3  <head>
4  <meta http-equiv="Content-Type" content="text/html; charset=utf-8" />
5  <title>学院简介</title>
6  </head>
7  <body>
8  <p style="text-indent:2em">学院简介重庆科创职业学院是教育部批准备案，具有独立颁发国家学历文凭资
   格的全日制民办高职院校。学院始建于1993年，2005年实现在校生25000人的规模，是中国西南规模较大，声
   誉较高的以培养机器人、3D打印、无人机、建筑、汽车、电子、机械、信息技术及现代管理人才为主的全日制普通高职院校。</p><p
    style="text-indent:2em">学院紧依国家级旅游风景区—电影《十面埋伏》国内唯一一拍摄地永川茶山竹海，
   占地852亩，建筑面积近40万平方米。校园建有现代化的教学楼、综合实训大楼、理工大厦、科技大厦、学术
   报告厅、图书馆、塑胶篮球场、足球场和别墅式高档学生公寓，并建有高新技术生产实训基地、中加高新技
   术实训中心、创新创业科技园，教学院下设信息与机电工程学院、汽车工程学院、建筑工程学院、工商管理
   学院、艺术系等八个院系。学和生活设施完善、功能齐全。</p><p style="text-indent:2em">学院坚持"育社会精英，
   建千秋功业"的办学宗旨，秉承"育人育德，尚知尚能"的育人理念，首创"3+1"育人模式，一生多学，一专多
   能，成为学生就业创业的金色名片。2011年鲁昕副部长到科创学院参加现代职业教育教学观摩会时，对科创
   学院"3+1"育人模式给予了高度评价。</p><p style="text-indent:2em">2014年，由中国科学评价研究中心、武汉
   大学中国教育质量评价中心和中国科教评价网等权威机构联合发布的2014-2015年中国民办院校竞争力排行榜
   中，科创学院名列高职专科类全国第一，成为最具竞争力的民办高职院校之一。</p><p style="text-indent:2em">直辖市重
   庆是一块蕴藏着巨大希望的土地。党中央、国务院作出了建立重庆内陆开放高地的重大战略决策，教育部、
   重庆市人民政府作出了共建长江上游教育中心和西部教育高地的重大决定，2016年1月4日，习近平总书记国
   内考察的首站来到重庆，热情洋溢的表示："这里大有希望。"这必将给重庆带来千载难逢的发展机遇。作为
   西部大开发的龙头、充满朝气与魅力的重庆，必将为广大学子求学和就业提供无限广阔的发展空间。</p>
9  </body>
10 </html>
```

图 4-4-4　增加首行缩进代码示意图

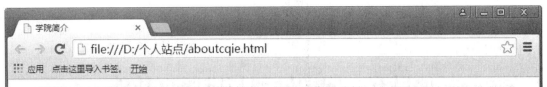

图 4-4-5　增加首行缩进后效果图

四、知识小结

自动首行缩进两个字符除可以在每段前<p>标签中加入<p style="text-indent:2em">实现外，还可以将其添加到<style></style>标签中实现。代码如下：

```
<style>
p{
text-indent:2em;
}
</style>
```

因为之前已用<p>、</p>标签标注了段落，这样做的优点是无需在每一段前重复添加代码就可以达到首行缩进两个字符的效果。

项目五　图像处理与排版页基础

【项目简介】

在网页界面设计中，选择适当的图形图像能更好地突出主题，对内容起到一定的说明作用。同时，图形图像有别于文字语言艺术，它通过视觉上的形、色来表述内心情感，利用可视的形象来让浏览者产生联想，从而进一步烘托和深化主题。合理的网页排版就是将网站网页上各种元素（如文字、图片、图形等）进行调整（如位置、大小），使布局清晰明了。

网页排版能够使用户在很短的时间里找到自己想要的信息，而且也能给用户更好的视觉效果；能够让整个网站看起来风格统一，搭配合理；合理的布局也更符合用户的阅读习惯，例如文字清晰、间距合适、文字适中等。

【学习目标】

（1）了解网页中常用的图片格式。
（2）掌握批量处理图像技术。
（3）掌握图文混排与背景图像。
（4）掌握创建幻灯片式的相册。

任务一　认识网页中常用的图像格式

一、任务描述

网页中常用的图片格式有三种：JPEG、GIF、PNG。不同的图片需要选择不同的存储格式，这样能够避免由于图片格式错误而造成页面性能下降。

二、实施说明

在网页设计中会用到许多图片，需要根据不同图片的实际情况、图片的大小种类和下载速率来选择具体的存储格式。

三、实现步骤

（一）网站常用的图片格式

在网站设计中，常用的图片格式有三种：JPEG、GIF、PNG。它们三者之间的用途是不尽相同的，具体如表 5-1-1 所示，图片效果如图 5-1-1 所示。

表 5-1-1　图片类型对比

类型	压缩方式	色彩通道	透明度	是否支持动画	压缩算法	多图层
PNG-8	无损	索引 256 色	索引全透明	无	逐行扫描	无
PNG-24	无损	真彩.7million 色	Alpha 半透明（IE6 背景灰色）	无	逐行扫描	无
PNG-32	无损	彩 16.7millon 色	Alpha 半透明（IE6 背景灰色）	无	逐行扫描	Firework 中可编辑
GIF	无损	索引 256 色	索引全透明	支持	逐行扫描	无
JPG	有损	真彩 16.7millon 色	无	无	8*8	无

（二）矢量图和位图

矢量图是通过组成图形的一些基本元素，如点、线、面、边框、填充色等信息通过计算的方式来显示图形的。矢量图的优点在于文件相对较小，并且放大缩小不会失真。缺点是这些几何图形很难表现自然度高的写实图像。

我们在 Web 页面上使用的图像都是位图。即便有些称为矢量图形，也是指通过矢量工具进行绘制然后再转成位图格式在 Web 上使用。

位图又叫像素图或栅格图，它是通过记录图像中每个点的颜色、深度透明度等信息来存储和显示图像。一张位图就好比一张大的拼图，只不过每个拼块都是一个纯色的像素点，当我们把这些不同颜色的像素点按照一定规律排列在一起时，就形成了我们所看到的图像。所以，当我们放大一幅像素图时，能看到这些图片的像素点。

位图的优点是利于显示色彩层次丰富的写实图像。缺点是文件较大，放大和缩小图像会失真。

（三）有损压缩与无损压缩

有损压缩就是在存储图像时并不完全真实地记录图像上每个像素点的数据信息，它会根据人眼观察现实世界的特性（人眼对光线的敏感度比对颜色的敏感度要高）对图像数据进行处理，去掉那些图像上会被人眼忽略的细节，然后使用附近的颜色通过渐变或其他形式进行填充。这样既能大大降低图像信息的数据量，又不会影响图像的还原效果。

JPG 是最常见的采用有损压缩对图像信息进行处理的图片格式。JPG 在存储图像时会把图像分成 8*8 像素的栅格，然后对每个栅格的数据进行压缩处理。当我们放大一张图像的时候，就会发现这些 8*8 像素栅格中很多细节信息被删除了，并通过一些特殊算法用附近的颜色进行了填充。这也是为什么使用 JPG 存储图形有时会产生块状模糊的原因。

无损压缩则是真实地记录图像上每个像素点的数据信息，但为了压缩图像文件的大小会采用一些特殊的算法。无损压缩的压缩原理是先判断图像上哪些区域的颜色是相同的，哪些是不同的，然后把这些相同的数据信息进行压缩记录（例如一片蓝色的天空只需要记录起点和终点的位置就可以了），而把不同的数据另外保存（例如天空上的白云和渐变等数据）。

PNG 是我们最常见的一种采用无损压缩的图片格式。无损压缩在存储图像前会先判断图像上哪些地方是相同的，哪些地方是不同的。为此需要对图像上所有出现的颜色进行索引，我们把这些颜色称为索引色。索引色就好比绘制这幅图的"调色板"，PNG 在显示图像的时候则会用"调色板"上的这些颜色去填充相应的位置。这就意味着只有在图像上出现的颜色数小于可以索引的颜色数时，才能真实地记录和还原图像，否则就会丢失一些图像信息（PNG8 最多只能索引 2^8 即 256 种颜色，所以对于颜色较多的图像不能真实还原；PNG24 格式最多可以保存 2^{24} 即 1 600 多万种颜色，基本能够真实还原我们人类肉眼可以分别的所有颜色）。而对于有损压缩来说，不管图像上的颜色有多少，都会损失图像信息。

四、知识小结

每种图片格式都有各自的优缺点，并没有最好的图片格式可以适应所有场景。PNG、JPEG、GIF 是 Web 最友好的三种图片格式。当用户需要图片较小，比如在线上传文件时，如果不介意牺牲点图片质量，JPEG 是一个不错的选择。如果用户需要较小的图片，同时又想保证图片的质量，可以使用 PNG。GIF 是最坏的选择，虽然它的文件非常小，加载非常快。当然，如果想增加动画效果，无疑使用 GIF 格式比较合适。各种图片格式效果如图 5-1-1 所示。

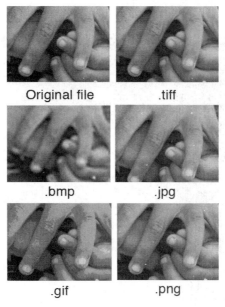

图 5-1-1　各种图片格式比较效果

任务二　批量处理图像的尺寸、水印等

一、任务描述

在网页制作过程中，常常需要对一些图片或照片进行批量处理，譬如修改尺寸、批量转换格式、批量改名、批量添加水印等。对于经常有大量图片、照片要批量处理的人来说，一款简单实用的图片批处理工具会让你节约大量时间，从而提高工作效率。

二、实施说明

目前常用的支持批处理的软件有 Photoshop、ACDSee、美图秀秀、光影魔术手等，这里以美图秀秀为例进行讲解。

三、实现步骤

（一）图像批处理软件介绍

目前常用的支持批处理的软件有 Photoshop、ACDSee、美图秀秀、光影魔术手等。

（二）美图秀秀的图像批处理

首先，打开美图秀秀，首页下方打开插件"批处理"，添加多张图片或文件夹，如图 5-2-1

所示。

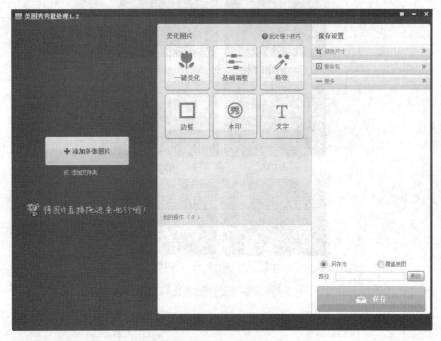

图 5-2-1 美图秀秀"批处理"

选择要处理的图片并打开，在软件右侧上方则会出现修改尺寸、重命名、更多等功能。值得注意的是，点击"更多"功能后可以选择批量修改文件格式，而美图秀秀提供了 JPG 和 PNG 两种格式。通过下方的修改画质功能，可改变图片的画面质量，同时随着画质参数的降低，文件的大小也随即减小，如图 5-2-2 所示。

图 5-2-2 修改图片

水印添加：美图秀秀软件支持两种水印添加模式，即图片水印、文字水印，如图5-2-3所示。

图5-2-3 美化图片

图片水印的添加方法：点击"水印"功能，在弹出的功能选项中点击"导入水印"功能，选择水印文件，一般图片水印文件为PNG格式透明状态。导入水印后可调节大小、角度（旋转）、透明度、位置等信息，如图5-2-4所示。

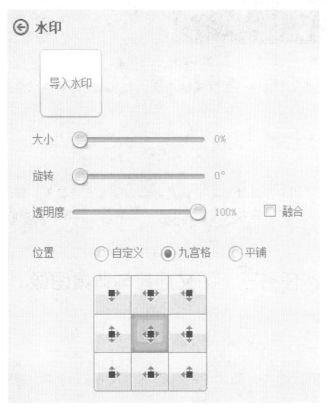

图5-2-4 图片水印

文字水印的添加方法：点击功能框中的"文字"，在弹出的功能框中输入"水印文字"。本功能支持字体、字号、粗体、阴影、透明度、角度、位置等功能的选择，而且还可以直接在左侧预览窗口中灵活拖动，如图5-2-5所示。

图 5-2-5　文字水印

美图秀秀图片批处理工具中还提供其他功能，本书就不再一一列举，请根据实际需要进行尝试。

四、知识小结

美图秀秀有丰富实用的图片处理功能，其界面也非常直观简单，即便是新手也能轻易上手。对于有批量图像调整需求的人来说，美图秀秀绝对是一款值得收藏的好工具。

任务三　图文混排与背景图像

一、任务描述

在设计 Web 页面的过程中，经常需要实现图文并茂的显示效果，同时需要对文本和图片进行混排对齐处理。

二、实施说明

在 CSS 技术中，通常使用浮动元素和 text-indent 属性来实现图文的混排处理效果。在下面的内容中，将对上述两种方法的实现过程进行详细介绍。

三、实现步骤

（一）使用浮动元素

在 CSS 中，可以通过在文本中插入浮动元素的方法实现图文混排的效果。参考代码如下，效果如图 5-3-1 所示。

```
<html>
<style type="text/css">
<!--
div {
    width: 500px;          /*设置块元素样式*/    }
img {          /*设置图片元素样式*/
    margin: 10px;
    float: right;    }
-->
</style> </head> <body>
<div>使用浮动元素实现图文混排处理<img src="xiao.jpg">使用浮动元素实现图文混排处理。使用浮动元素实现图文混排处理使用浮动元素实现图文混排处理使用浮动元素实现图文混排处理使用浮动元素实现图文混排处理使用浮动元素实现图文混排处理使用浮动元素实现图文混排处理使用浮动元素实现图文混排处理使用浮动元素实现图文混排元素实现图文混排处理</div>
</body>
</html>
```

图 5-3-1　使用浮动元素效果

（二）使用属性 text-indent

属性 text-indent 也可以实现图文混排效果。text-indent 一般用于文本块中首行文本的缩进，最常用于文章段落自动缩进上。text-indent 允许使用负值。参考代码如下，效果如图 5-3-2 所示。

```
<html xmlns="http://www.w3.org/1999/xhtml">
<style type="text/css">
<!--
p
{
    text-indent:0;              /*设置 p 元素样式*/
}
img                           /*设置 img 元素样式*/
{
    float:left;
    margin:5px 2px 5px 0;
}
-->
</style> </head> <body>        <p>
    <img src="/images/demo8-13/carousel1.jpg">使用浮动元素实现图文混排处理。使用浮
动元素实现图文混排处理使用浮动元素实现图文混排处理使用浮动元素实现图文混排处理使
用浮动元素实现图文混排处理使用浮动元素实现图文混排处理使用浮动元素实现图文混排处
理使用浮动元素实现图文混排元素实现图文混排处
    </p>
</body>
</html>
```

图 5-3-2　使用属性 text-indent 效果

（三）背景设置

现在使用大幅图片作为网页背景已经成为某些网站设计的趋势。如果要设计这种风格的网站，需要注意以下几点：

➢ 一张全屏、高质量的图片的大小是非常大的，会造成加载网页速度变慢，你需要权衡利弊。

➢ 在使用背景图片之前你需要研究一下平均屏幕分辨率的问题。最好的方法是使用一些分析软件去查看已经存在的网站，如 Google Analytics。另外，你还可以在这里查看一下总体趋势。就目前来说，建议使用 1 024 × 768 或 1 200 × 800 的尺寸。

➢ 别忘了移动手机设备，你可以使用@media query 来为移动设备设置 320 × 480 的背景图片。

➢ 使用高质量的图片缩小要比低质量的图片放大效果要好得多。如果你准备在所有的设备上都使用同一张背景图片，建议使用一张高质量的图片来做背景图片。

➢ 通常情况下，不要使用 CSS 来改变背景图片的宽高比，也就是说，不要为了填充整个屏幕而改变图片的比例。你需要在空白部分使用 background-color 来填充某些颜色。

➢ 记住这样一条规则：你所选择的图片的内容一定要清晰可见。

记住上面这些注意事项，使用 CSS 来动态改变背景图片的大小是非常容易的事情。读者可以通过 CSS3 的一个属性 background-size 来完成这项工作。

当你在页面上使用 background-size 时可以有一些选择：设置值为 cover 可以动态缩放图片，使图片总是占据屏幕的最大宽度和高度。background-size:cover 属性的一个缺点是老的浏览器不支持它。在老的浏览器上需要一个替代方案，可以设置背景图片宽度为 100%。

另外，你可以使用 background-size:contain 来设置背景图片。该属性优先照顾图像，它会将图片完全显示。

选择以上哪种方案来制作背景图像，用户需要仔细考虑。不管选择哪一种，用户都需要为背景设置一个 background-color 来作为背景色填充某些空白区域。这也是在图片加载失败时的一种回退方法。

下面是一个小例子，html 代码如下：

```
<div id="stmark">
    <h1>background-size-demo</h1>
    <p>background-size 属性的使用_jQuery 之家-自由分享 jQuery、html5、css3 的插件库。</p>
</div>
```

CSS 样式如下：

```
body, html { min-height: 100%; }
body {
    color: white;
    background: url(st-marks-square.jpg) center no-repeat;
    background-size: cover; background-color: #444;
```

```
}
div#stmark {
width: 40%;
background: rgba(0,0,0,0.6);
border: 5px double white;
margin: 3em;
padding: 2em 2em 0 2em;
float: right;
line-height: 155%;
font-family: "Segoe UI", "Lucida Grande", Helvetica, Arial, "Microsoft YaHei";
}
div#stmark h1 { margin-top: 0; }
```

得到的结果是图片位于网页元素之下，并占据整个屏幕，效果如图 5-3-3 所示。

图 5-3-3　代码效果

四、知识小结

选择以上的哪种方案来制作背景图像，用户需要仔细考虑。不管选择哪一种，都需要为背景设置一个 background-color 来作为背景色填充某些空白区域。这也是在图片加载失败时的一种回退方法。

任务四 创建幻灯片式的相册

一、任务描述

在网页设计中，或多或少地存在着幻灯片。本任务将介绍一种简易的幻灯片式的相册制作方法。

二、实施说明

本任务是利用 HTML 和 CSS 实现图片相册透明方式旋转。根据所提供的图片素材，将图片保存在 images 文件夹中。

三、实现步骤

（一）框架构建

在 Dreamweaver 中新建一个 htm5 网页，如图 5-4-1 所示。

图 5-4-1 新建 html 5 网页

将"素材 5-4-1.zip"（可通过扫描封底二维码获取）中的图片保存在 images 文件夹，并在 body 中写入以下代码：

```
<div    class="teachers_banner">
    <div class="container clearfix teachers_b">
        <div class="slide" id="slide">
            <ul>
                <li> <img src="images/teacher01.jpg" /> </li>
                <li> <img src="images/teacher02.jpg" /> </li>
                <li> <img src="images/teacher03.jpg" /> </li>
                <li> <img src="images/teacher04.jpg" /> </li>
                <li> <img src="images/teacher05.jpg" /> </li>
                <li> <img src="images/teacher06.jpg" /> </li>
            </ul>
            <div class="arrow">
                <div class="prev"><</div>
                <div class="next">></div>
            </div>
        </div>
    </div>
</div>
```

（二）样式表

在<head>上方写入样式表，参考代码如下：

.teachers_banner

{width:100%;height:575px; background: url(../images/teachers_banner.jpg) no-repeat center top; background-size: cover; position: relative; overflow: hidden; }

.teachers_b { position: relative; margin-top: 130px; }

#slide { margin: 0 auto; width: 760px; height: 330px; position: relative; }

#slide li { position: absolute; width: 760px; display: -box; display: -flex; display: flex; align-items: flex-start; -box-align: flex-start; -align-items: flex-start; background: #fff; overflow: hidden; box-shadow: 0 0 20px #1d374d; }

#slide li img { width: 100%; height: 100%; }

.slide_left { }

.slide_right { padding: 40px; -box-flex: 1; -flex: 1; flex: 1; min-width: 0; }

.slide_right h3 { font: 400 30px/18px "Microsoft Yahei"; color: #222222; }

.slide_right h3 span { display: inline-block; margin-left: 10px; font: 400 14px/36px "Microsoft Yahei"; color: #555555; }

.slide_right p { padding: 20px 0 30px; color: #555555; font: 400 14px/24px "Microsoft Yahei"; border-bottom: 1px solid #dbdbdb; }

.slide_right dl { padding-top: 30px; }

.slide_right dd { float: left; width: 33.3%; color: #777; font: 400 12px/24px "Microsoft

Yahei"; }

　　.slide_right dd h3 { color: #ff9000; margin-bottom: 20px; }

　　.arrow .prev, .arrow .next { position: absolute; width: 64px; top: 38%; z-index: 9; font: 700 96px 'simsun'; opacity: 0.3; color: #fff; cursor: pointer; }

　　.arrow .prev { left: -220px; }

　　.arrow .next { right: -220px; }

　　.arrow .prev:hover, .arrow .next:hover { color: #00a0e9; opacity: .7; }

效果如图 5-4-2 所示。

图 5-4-2　样式表效果

四、知识小结

　　书写代码的时候除了可以在<head>上方写入样式表外，还可以在新建文档中通过将页面类型指定为 CSS，创建一个外部样式表，最后在主文档<head>中将新建的外部样式表应用到页面文件中。

项目六　超链接与网页跳转

【项目简介】

超链接是整个互联网的基础，通过超链接能够实现页面的跳转、功能的激活等。超链接可以将每个页面串联在一起，然后通过设置超链接样式来控制链接元素的形式和颜色等。超链接的默认样式是蓝色下画线文本，对浏览者没有任何吸引力，需要通过 CSS 样式来改变超链接文本的样式，以使超链接与整个页面风格一致。完成本章内容的学习后，读者需要熟练掌握页面中超链接文本样式的设置，以实现页面中不同文本链接的效果。

【学习目标】

（1）掌握超链接的基本属性。
（2）了解超链接的类型。
（3）掌握超链接的样式的设置方法。
（4）掌握网页页面之间的跳转方式。

任务一　超链接的基本属性

一、任务描述

超链接使用 HTML 标记语言的 <a> 来标记。使用 <a></a> 标记包裹的内容可以是一个单词、一组单词（句子）或者是图片。点击之后可以跳转到另外一个文档，也可以跳转到当前文档内部的其他位置。这取决于 <a> 的属性设置。

二、实施说明

默认情况下，当鼠标指针移至一个超链接（链接）上时，原来的"箭头"会变成"小手"。但是这可以通过 CSS 来控制和改变。

三、实现步骤

（一）超链属性

在默认情况下，所有浏览器中链接的外观都是如下表现形式（也可以通过 CSS 来控制和改变）：
- 未被访问的链接带有下画线而且是蓝色的。
- 已被访问的链接带有下画线而且是紫色的。
- 活动链接带有下画线而且是红色的。

常用的 <a> 的属性有自有属性、标准属性、事件属性。

（二）自有属性

href—指定超链接的目的地址（url）。href 是必须属性，否则<a>元素就变成空元素了。如果属性值是 http://开头的 URL，意味着点击就跳转到指定的外部网站。

rel—规定当前文档与目标 URL 之间的关系，一般不用设置，属性值可以是：

alternate—可相互替代的内容。

author—文档作者。

bookmark—书签。

nofollow—告诉搜索引擎不要此链接到的权重（可以理解为虽然链接了目标网页，但是却不认可目标网页）。

target—指定超链接的打开方式，一般不设置该属性，属性值可以是：

_blank—在新的窗口打开。

_self—在当前窗口打开。

name—规定锚的名称（此属性在 HTML5 中已被去掉）。

（三）标准属性

class—规定元素的类名（classname）。

id—规定元素的唯一 id，常用于制作页面内部链接（锚点）。

style—规定元素的行内样式（inline style）。

title—规定元素的额外信息（标题，可在工具提示中显示）。

（四）事件属性

onclick—鼠标点击时的动作。

四、知识小结

作为一个 HTML 标签（元素），<a> 也支持很多 HTML 属性（attribute），包括 HTML 标准属性（所有 HTML 和 XHTML 标签都支持的属性，仅有少数例外）和 HTML 事件属性（使 HTML 事件触发浏览器中的行为，如当鼠标滑过或者悬停，或者当用户点击某个 HTML 元素时启动一段 Javascript）。

任务二　超链接的类型

一、任务描述

按链接路径的不同，网页中超链接一般分为三种类型：内部链接、锚点链接和外部链接。

二、实施说明

分别对内部链接、锚点链接和外部链接进行配置和测试。

三、实现步骤

（一）超链接对象

超链接是超级链接的简称。如果按照使用对象的不同，网页中的链接又可以分为文本超链接、图像超链接、E-mail 链接、锚点链接、多媒体文件链接、空链接等。

超链接是一种对象，它以特殊编码的文本或图形的形式来实现链接。如果单击该链接，则相当于指示浏览器移至同一网页内的某个位置，或打开一个新的网页，或打开某一个新的 WWW 网站中的网页。

（二）网页超链接

网页上的超链接一般分为三种：

第一种是绝对 URL 的超链接。URL（Uniform Resource Locator）就是统一资源定位符，简单地讲就是网络上的一个站点、网页的完整路径。

第二种是相对 URL 的超链接。如将自己网页上的某一段文字或某标题链接到同一网站的其他网页上面去。

还有一种称为同一网页的超链接，这种超链接又叫作书签。

（三）绝对路径与相对路径

所谓相对路径，就是相对于链接页面而言的另一个页面的路径。绝对路径，就是直接从 file:///磁盘符开始的完整路径。下面在同一个目录下做上两个页面，其中一个页面链接到另一个页面。

（1）绝对路径。

`<a href="file:///D:/备课/HTML5 第一季/code/index2.html">index2</a>`

解释：首先是 file:///开头，然后是磁盘符，然后是一个个的目录层次，找到相应文件。这种方式最致命的问题是：当整个目录转移到另外的盘符或其他计算机时，目录结构一旦出现任何变化，链接当即失效。

（2）相对路径。

`<a href="index2.html">index2</a>`

解释：相对路径的条件是文件必须都在一个磁盘或目录下，如果在同一目录下，直接属性值就是被链接的文件名.后缀名。如果在同一个主目录下，有多个子目录层次，那就需要使用目录结构语法。

（四）目录语法

同一个目录：index2.html 或./index2.html；

在子目录：xxx/index2.html；

在孙子目录：xxx/xxx/index2.html；

在父目录：../index2.html；

在爷爷目录：../../index2.html；

（五）动态静态

超链接还可以分为动态超链接和静态超链接。动态超链接指的是可以通过改变 HTML 代码来实现动态变化的超链接。例如，我们可以实现将鼠标移动到某个文字链接上，文字就会像动画一样动起来或改变颜色的效果；也可以实现鼠标移到图片上，图片就会产生反色或朦胧等效果。而静态超链接，顾名思义，就是没有动态效果的超链接。

四、知识小结

内部链接指的是在一个单独的站点内，通过内部链接来指向并访问属于该站点内的网页；外部链接指的是从一个单独的站点上，通过外部链接来指向并访问不属于该站点上的网页。锚点超链接常常用于那些内容庞大烦琐的网页，通过点击命名锚点，不仅让浏览者能指向文档，还能指向页面里的特定段落，更能当作"精准链接"的便利工具，让链接对象接近焦点，便于浏览者查看网页内容，类似于我们阅读书籍时的目录页码或章回提示。在需要指定到页面的特定部分时，标记锚点是最佳的方法。

任务三　设置超链接的样式

一、任务描述

超链接在网页中使用最多，有几个属性我们或许没有注意到，分别是超链接对象未访问前的样式，鼠标移过对象时的样式；对象被鼠标单击后到被释放这段时间的样式和超链接对象访问之后的样式。

二、实施说明

a:link 是超链接对象未访问前的样式；a:hover 用于设置鼠标移过对象时的样式；a:active 用于设置在对象被鼠标单击后到被释放之间这段时间的样式；a:visited 用于设置超链接对象访问之后的样式。

三、实现步骤

（一）认识伪类和伪对象

伪类根据一定的特征对元素进行分类，而不是依据元素的名称、属性或内容。原则上，特征是不能根据 HTML 文档的结构推断得到的。伪类可以是动态的，当用户与 HTML 文档进行交互时，一个元素可以获取或者拾取某个伪类。例如，鼠标指针经过就是一个动态特征，任意一个元素都可能被鼠标经过，当然鼠标也不可能永远停留在同一个元素上面，这种特征对于某个元素来说可能随时消失。

比较实用的伪类包括 :link、:hover、:active、:visited、:focus，比较实用的伪类对象包括 :first-letter 和:first-line，具体说明如表 6-3-1 所示。

表 6-3-1　伪类及说明

伪　类	说　明
:link	超链接对象未访问前的样式
:hover	鼠标移过对象时的样式
:active	在对象被鼠标单击后到被释放这段时间的样式
:visited	超链接对象访问之后的样式
:focus	对象为输入焦点时的样式
:first-child	对象的第一个子对象的样式
:first	页面的第一页使用的样式

（二）定义超链接样式

在伪类和伪对象中，与超链接相关的四个伪类选择器应用比较广泛。

● a:link——定义超链接的默认样式。

● a:visited——定义超链接被访问后的样式。

● a:hover——定义鼠标经过超链接的样式。

● a:active——定义超链接被激活时的样式，如鼠标单击之后到鼠标被松开这段时间的样式。

下画线是超链接的基本样式，但是很多网站并不喜欢使用，所以在建站之初，就彻底清除了所有超链接的下画线。代码如下：

a{text-decoration:none;}

不过从用户体验的角度看，如果取消了下画线，可能会影响部分用户对网页的访问。因为下画线能很好地提示访问者当前鼠标经过的文字是一个超链接。超链接的下画线不仅仅是一条实线，也可以根据需要定制。定制思路如下：

● 借助超链接元素 a 的底部边框线实现。

● 利用背景图像实现。

（三）经典样式设计（滑动样式）

利用背景图像的动态滑动技巧可以设计很多精致的超链接样式，这种技巧也被称为滑动门技术。

对于背景图片来说，超链接的宽度可以小于等于背景图像的宽度，但是高度要保持一致。

技巧：利用相同大小但不同效果的背景图像进行轮换。图像样式的关键是背景图像的设计，以及集中不同效果的背景图像是否能够过渡自然、切换吻合。

将所有背景图像组合在一张图中，然后利用 CSS 技术进行精确定位，以实现在不同状态下显示为不同的背景图像，这种技巧也被称为 CSS Sprites。CSS Sprites 加速的关键不是降低重量，而是减少个数。因为浏览器每显示一张图片都会向服务器发送请求，所以图片越多，请求次数越多，造成延迟的可能性也就越大。

在 Photoshop 中设计两张大小相同，但是效果略有不同的图像，然后将两张图像拼接成一张图像，如图 6-3-1 所示。

图 6-3-1　两张图片拼接效果

在 Dreamweaver 中新建一个 HTML5 空白网页，在 body 中输入以下代码：

```
<ul>
<li><a href="#">首页</a></li>
<li><a href="#">论坛</a></li>
<li><a href="#">博客</a></li>
</ul>
```

在 <head> 标签之上写入样式表，参考代码如下：

```
<style type="text/css">
  li
  {
    float:left;       /*浮动显示，以便并列显示各项*/
    list-style:none;  /*清除项目符号*/
    margin:0;         /*清除缩进*/
    padding:0;        /*清除缩进*/
  }
  a
  {
    text-decoration:none;  /*清除下画线*/
    display:inline-block;  /*行内块状元素显示*/
    width:150px;           /*固定宽度*/
    height:32px;           /*固定高度*/
    line-height:32px;      /*行高等于高度，设计垂直居中*/
    text-align:center;     /*文本水平居中显示*/
    color:White;           /*字体颜色白色*/
    background:url(background.jpg) no-repeat center top; /*定义背景图像，禁止平铺，居中*/
  }
  a:hover
  {
    background-position:center bottom; /*定义背景图像，显示下半部分*/
    color:Gray;                        /*定义字体颜色为灰色*/
  }
</style>
```

最终效果如图 6-3-2 所示。

图 6-3-2　代码效果

四、知识小结

超链接的四种状态样式的排列顺序是有要求的，一般不能随意调换。先后顺序是：link、visited、hover、active。四种状态并非都必须定义，可以定义其中的两个或三个。

任务四　其他实现网页跳转的方式

一、任务描述

网页跳转的方式除了大家耳熟能详的超链接以外，实际上还有其他的方式也能实现页面的跳转。在 HTML 中使用 META 跳转，通过 META 可以设置跳转时间和页面，或者通过 javascript 实现网页的跳转。

二、实施说明

Meta 跳转使用方便，不用写 javascript，不用后台代码，同时还可以实现定时跳转、定时刷新等功能，且兼容性好。但因为其使用范围较为狭窄，所以一般不作为主流跳转方法使用。

三、实现步骤

（一）META 跳转

几乎所有的网页头部都有<meta>源信息。<meta>除了常用于定义编码、关键字(name="keywords")、描述(name="description")，还可以定义视区大小、缩放比例等，以及定义网页的过期时间、Cookie 的过期时间等。

在 META 中实现网页跳转的方法，参考代码如下：

```
<head>
<!--只是刷新不跳转到其他页面  -->
<meta http-equiv="refresh" content="5">
<!--定时跳转到其他页面  -->
<meta http-equiv="refresh" content="5;url=index.html">
</head>
```

（二）通过 javascript 实现跳转

利用 javascript 对打开的页面 ULR 进行跳转，如打开的是 A 页面，通过 javascript 脚本就会跳转到 B 页面。目前很多网站经常用 js 跳转将正常页面跳转到广告页面，当然也有一些网站为了追求吸引人的视觉效果，把一些栏目链接做成 javascript 链接。这是一个比较严重的蜘蛛陷阱，无论是 SEO 人员还是网站设计人员应当尽力避免。

很多网页设计师在制作网站的时候，为了某种展示或 SEO 优化的目的，常常需要利用 js 实现跳转效果。所以对于一个站长或 SEO 来说，熟练掌握或使用 js 技术已成为一门必学的技能了。

（1）常规的 JS 页面跳转代码。

在原来的窗体中直接跳转用：

```
<script type="text/javascript">
    window.location.href="你所要跳转的页面";
    </script>
```

在新窗体中打开页面用：

```
<script type="text/javascript">
    window.open('你所要跳转的页面');
    </script>
```

JS 页面跳转参数的注解：

```
<SCRIPT LANGUAGE="javascript">
    <!--
        window.open ('page.html', 'newwindow', 'height=100, width=400, top=0,left=0,
toolbar=no, menubar=no, scrollbars=no, resizable=no,location=no, status=no')
    //写成一行
    -->
    </SCRIPT>
```

参数解释：

`<SCRIPT LANGUAGE="JavaScript">`：js 脚本开始；

window. open：弹出新窗口的命令；

'page.html'：弹出窗口的文件名；

'newwindow'：弹出窗口的名字（不是文件名），非必须，可用空'代替；

height=100：窗口高度；

width=500：窗口宽度；

top=0：窗口距离屏幕上方的像素值；

left=0：窗口距离屏幕左侧的像素值。

（2）跳转指定页面的 JS 代码。

第 1 种：

```
<script language="javascript" type="text/javascript">
```

```
window.location.href="login.jsp?backurl="+window.location.href;
    </script>
```

第 2 种：

```
<script language="javascript">
    alert("返回");
    window.history.back(-1);
    </script>
```

第 3 种：

```
<script language="javascript">
    window.navigate("top.jsp");
    </script>
```

第 4 种：

```
<script language="JavaScript">
    self.location='top.htm';
    </script>
```

第 5 种：

```
<script language="javascript">
    alert("非法访问！");
    top.location='xx.jsp';
    </script>
```

（3）跳转指定页面的 JS 代码。

页面停留指定时间再跳转（如 3 秒）：

```
<script type="text/javascript">
    function jumurl(){
    window.location.href = 'http://www.cqie.cn/';
    }
    setTimeout(jumurl,3000);
    </script>
```

（4）JS 直接跳转代码。

```
<script LANGUAGE="Javascript">
    location.href="http://www.cqie.cn/";
    </script>
```

（5）页面跳出框架。

```
<script type="text/javascript">
    top.location.href='http://www.cqie.cn/';
    </script>
```

（6）返回上一页。

```
<script type="text/javascript">
    window.history.back(-1);
```

```
</script>
```

四、知识小结

虽然目前有的搜索引擎技术已经能够得到 JavaScript 脚本上的链接，甚至能执行脚本并跟踪链接，但对于一些权重比较低的网站，搜索引擎觉得没有必要，不会浪费精力去抓取分析，不过，这对于实现网站的某种特效，还是有很大帮助的。

项目七　列表与表格

【项目简介】

在当前流行的采用"DIV+CSS"模式的网页制作中，列表元素处于非常重要的地位。常见的菜单导航、图文混排、新闻列表布局等，都是采用列表元素作为基础结构而创建的。本项目主要从列表的基本概念着手，介绍列表的常见使用方法，以及 CSS 在控制列表元素时的相关属性设置方法，希望通过本章的学习能灵活运用列表元素，从而实现各种网页的页面布局。

表格是用于在 HTML 页上显示表格式数据以及对文本和图形进行布局的强有力的工具。表格由一行或多行组成，每行又由一个或多个单元格组成。虽然 HTML 代码中通常不明确指定列，但 Dreamweaver 允许用户操作列、行和单元格。

【学习目标】

（1）了解列表的种类及结构。
（2）掌握 CSS 控制列表的相关属性和使用方法。
（3）掌握使用列表元素实现各种页面导航。
（4）掌握表格的创建和编辑表格的基本方法。
（5）掌握设置表格以及单元格属性值。
（6）掌握表格中添加数据内容。
（7）掌握与表格相关的 CSS 属性。

任务一 无序列表与有序列表

一、任务描述

自从 CSS 布局普遍推广以后，这种布局设计提倡使用 XHTML 中自带<ul>、<Ol>标签去实现。正是由于列表元素在 CSS 中拥有了较多的样式属性，因此绝大多数的设计师放弃了 table 布局，而使用列表样式设计布局，从而让页面结构更加简洁、清晰。本任务的主要目的是对无序列表和有序列表进行介绍，通过任务练习，掌握常用的有序列表和无序列表的创建和进行布局的方法。

二、实施说明

本任务主要是通过设计制作一个简单网页，学会创建无序列表和有序列表并掌握它们的相关知识。在本任务中要注意有序列表和无序列表的不同体现方式和各自的使用范围，即列表符号的配对呈现及两种列表样式之间的差别。

三、实现步骤

（一）无序列表（ul）的创建

无序列表是指列表中各个元素在逻辑上没有先后顺序的列表形式。大部分页面中的信息均可以使用无序列表来实现和描述。无序列表中的列表项用 li 标签进行表示，后期通过改变 ul 和 li 的样式外观即可设计出变化多端的导航。

步骤 1：启动 Adobe Dreamweaver CS6，创建一空白的 html5 文档，取名为 head.html，如图 7-1-1 所示。

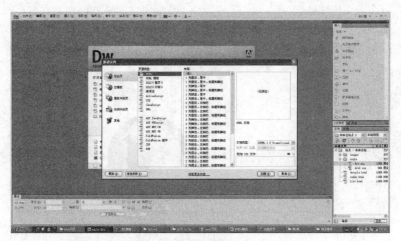

图 7-1-1 创建空白网页

步骤 2：在软件的"代码"视图中，先插入一个外层 div，再在里面插入内层 div 用于放一组无序列表。插入一组无序列表方法如图 7-1-2 所示，插入无序列表项方法如图 7-1-3 所示。按照以上步骤把所有列表项插入完成后，具体页面结构如图 7-1-4 所示。

图 7-1-2 插入无序列表

图 7-1-3 插入无序列表项

```
<a id="top"></a>
<div class="visible-desktop"><table width="100%" border="0" cellspacing="0" cellpadding="0" height="120">
  <tr>
    <td width="20%" style="background-image:url(../images/left.png);" height="120"></td>
    <td width="960" style="background-image:url(../images/right.png);"><img src="../images/logo.gif" width="960" height="120"></td>
  </tr>
</table>
</div>
<div>
  <div>
    <ul>
      <li><a href="index.html">个人简介</a></li>
      <li></li>
      <li><a href="album.html">个人相册</a></li>
      <li></li>
      <li><a href="home.html">我的家乡</a></li>
      <li></li>
      <li><a href="school.html">我的学校</a></li>
      <li></li>
      <li><a href="contact.html">联系方式</a></li>
      <li></li>
      <li><a href="down.html">资源下载</a></li>
      <li></li>
      <li><a href="guestbook.html">给我留言</a></li>
    </ul>
  </div>
</div>
```

图 7-1-4　页面结构图

步骤 3：保存当前文档，通过浏览器预览后的页面效果如图 7-1-5 所示。

7-1-5　页面预览效果

由预览效果可见，浏览器会为无序列表中的每个列表项添加一个项目符号，并让其独立占一行，而且每行会根据网页的左边界缩进一定的距离。不同的浏览器对无序列表的解析效果有一定差别，但是总体来说效果十分相似。

（二）有序列表（ol）的创建

有序列表表示列表中的各个元素有序列之分。从上至下可以由编号 1、2、3、4、5 或 a、b、c、d、e 等形式进行排列。有序列表中的列表项仍用 li 标签进行表示，后期通过改变 ol 和 li 的样式外观即可设计出变化多端的导航。下面来学习创建有序列表。

步骤 1：启动 Adobe Dreamweaver CS6，并创建一空白的 XHTML 文档，取名为 dowm.html，如图 7-1-6 所示。

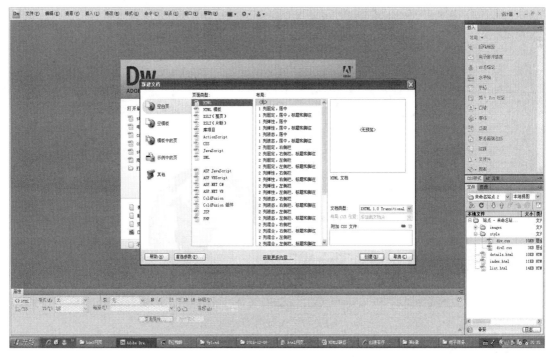

7-1-6　新建空白网页

　　步骤 2：软件的"代码"视图中，插入一组有序列表，其方法如图 7-1-7 所示，插入有序列表项方法如图 7-1-8 所示。按照以下步骤将所有的列表项插入完成后，具体页面结构如图 7-1-9 所示。

7-1-7　插入有序列表

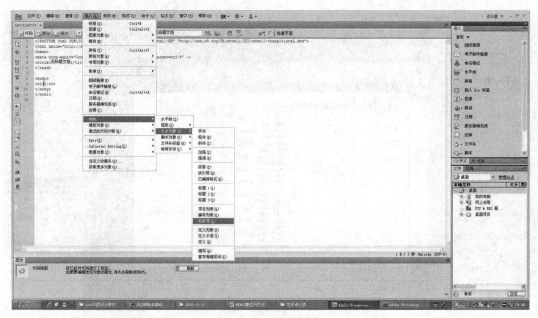

7-1-8 插入有序列表项

```
<div class="navbarol">
<ol  class="navol">
    <li><a href="down/WebServer.rar" target="_blank">简易的Web服务器(RAR)</a></li>
     <li><a href="down/WebServer.exe" target="_blank">简易的Web服务器(EXE)</a></li>
     <li><a href="down/Kalimba.mp3" target="_blank">MP3音乐</a></li>
     <li><a href="down/Wildlife.wmv" target="_blank">WMV视频</a></li>
     <li><a href="picture/2.jpg" target="_blank">JPG图片</a></li>
  </ol>
  <hr>
  <p> </p>
  <p> </p>
</div>
```

图 7-1-9 页面结构图

步骤 3：保存当前文档，通过浏览器预览后的页面效果如图 7-1-10 所示。

图 7-1-10 有序列表预览效果

由预览效果可见，对于有序列表元素来说，浏览器会从 1 开始自动对有序条目进行编号。

如果需要使用其他类型的编号或从指定的编号上累计编号，可运用<ol>标签的 type 和 start 两个属性。其中，type 属性值 A 代表用大写字母进行编号，1 代表使用大写罗马数字编号，默认为罗马数字编号，i 表示用小字罗马数字编号；start 属性值用于指定有序列表开始点。

四、知识小结

本任务要求掌握无序列表和有序列表的创建方法，并能运用列表制作网页中的导航、列表内容等。同时要理解和灵活运用无序列表和有序列表，掌握它们之间的区别，并运用到网页设计中。

任务二　设置列表的样式

一、任务描述

通过本项目任务一的学习，已掌握了无序列表和有序列表的创建方法。本任务主要是完成列表样式的学习创建。读者通过学习掌握 CSS 控制列表的相关属性，并通过一些演练操作加深了解 CSS 列表属性，最终达到能用有序或无序列表来制作网页中导航并定义其样式；对网页中的列表内容进行排版，达到美化效果。

二、实施说明

本任务主要是通过对任务一的无序列表和有序列表进行样式定义和应用，掌握无序列表和有序列表各自特点及差别，并能定义样式，达到美化页面的效果。

三、实现步骤

（一）CSS 控制列表的相关属性

（1）在 CSS 样式中，列表属性主要有 list-style-image、list-style-position 和 list-style-type 等，其属性及含义如表 7-2-1 所示。

表 7-2-1　CSS 列表属性

属性	说　明
list-style	复合属性，用于把所有列表属性设置于一个声明中
list-style-image	将图像设置为列表项标志
list-style-position	设置列表项标记如何根据文本排列
list-style-type	设置列表项标志的类型
marker-offset	设置标记容器和主容器之间水平补白

（2）列表项标志的类型。

在表 7-2-1 中，list-style-type 属性主要用于修改列表项的标志类型。例如在一个无序列表中，列表项的标志是在各列表项旁边出现的小加点；而在有序列表中，标志可能是数字、字母或是其他特殊的符号。常用的 list-style 属性值如表 7-2-2 所示。

表 7-2-2　常用的 list-style 属性值

属性值	说　明
none	无标记，不使用项目符号
disc	默认值，标记是实心圆
circle	标记是空心圆
square	标记是实心方块
decimal	标记是数字
lower-roman	小写罗马数字，如 i、ii、iii、iv、v
upper-roman	大写罗马数字，如 Ⅰ、Ⅱ、Ⅲ、Ⅳ、Ⅴ
lower-alpha	小写英文字母，如 a、b、c、d、e
upper-alpha	大写英文字母，如 A、B、C、D、E

（二）无序列表样式

通过对任务一中导航无序列表样式的定义和引用来完成无序列表样式的学习。

（1）创建一空白的 CSS 文档，命名为 style.css，如图 7 -2-1 所示。

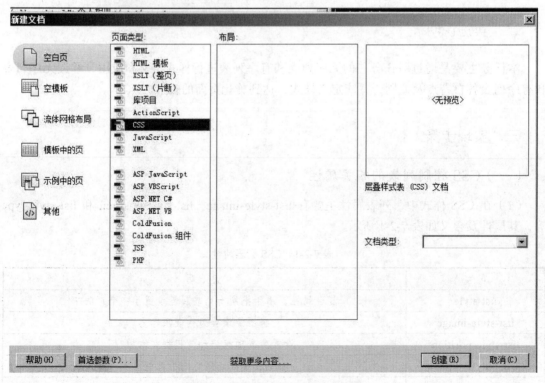

图 7-2-1　插入空白 CSS 样式表文档

（2）在 style.css "代码"中，定义网页需要的样式类，如整个网页的样式效果、导航外层 div 样式和导航内层 div 样式。具体代码如图 7-2-2 所示。

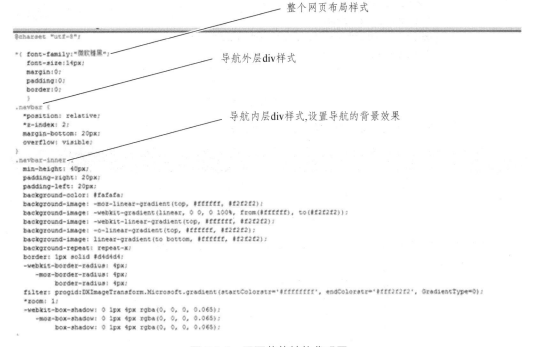

图 7-2-2 网页整体结构代码图

（3）对无序列表 ul、li 和 li 标签中的 a 标签定义样式，将导航列表变为横向排列，将超链接样式修改为无下画线并修改行高、字体颜色。具体代码如图 7-2-3 所示。

```css
.nav {
  margin-bottom: 20px;
  margin-left: 0;
  list-style: none;
   float:left;
}
.nav li{ float:left;
}
.nav li a{ color: #555;
    height:40px;
    line-height:40px;
    text-decoration: none;
    float: none;
    padding: 0 15px;
}
```

图 7-2-3 样式代码

（4）在导航上面对选中的栏目加一个不同的背景色，同时也让导航中各栏目之间有一条竖线。具体代码如图 7-2-4 所示。

```
.navbar .active{background-color: #e5e5e5;}
.navbar .divider-vertical {
  height: 40px;
  margin: 0 9px;
  border-right: 1px solid #ffffff;
  border-left: 1px solid #f2f2f2;
}
```

图 7-2-4　导航特殊样式

（5）运用上面的样式对页面进行修饰，预览效果如图 7-2-5 所示。

图 7-2-5　导航预览效果

（6）对整个有序列表信息定义一个样式效果，如图 7-2-6 所示。

```
.navbarol{
    padding:20px;
    min-height:200px;
    }
.navol{
    line-height:200%;
    }
```

图 7-2-6　有序列表样式

（7）对列表中的超链接定义一个效果。默认是一个效果，当鼠标移动到上面时变为另一种效果。具体代码如图 7-2-7 所示。

```
.navol li a{color: #555;
    height:40px;
    line-height:40px;
    text-decoration: none;
    float: none;
    padding: 0 15px;
}

.navol li a:hover{
    color:#009;
    text-decoration:underline;
font-size:18px;
}
```

图 7-2-7　超链接样式定义

（8）通过对整个网页样式的定义和运用，最终浏览效果如图 7-2-8 所示。

1. 简易的Web服务器(RAR)
2. 简易的Web服务器(EXE)
3. MP3音乐
4. WMV视频
5. JPG图片

图 7-2-8　列表应用样式效果图

本例中所涉及的样式类型有限，这是因为目前有些浏览器并不支持诸如 decimal-leading-zero（0 开关的数字标记）、lower-greek（小写希腊字母）、lower-latin（大小写拉丁字母）等属性值。

另外，在不同的浏览器中，部分类型的修饰符修饰的列表所呈现的效果也不会完全相同，建议在使用此类修饰符时尽量使用大众化的类型，避免出现效果不同的现象。

通过预览效果可见，无序列表和有序列表新建的时候都是竖着排列的，只有通过修改样式才能达到横向排版等；同时用户可以对列表的高、宽、背景等样式进行定义和修改，从而达到美化页面的效果。虽然有序列表和无序列表有一定的差别，但是总体来说，其操作方式还是十分相似。

四、知识小结

通过本任务的学习，要求掌握无序列表和有序列表的样式修饰，能运用列表的 CSS 控制列表的样式，制作出较美观的列表效果等。同时要理解和灵活运用列表的样式控制，掌握它们之间的区别，并运用到网页设计中。

任务三　表格的基本结构

一、任务描述

表格主要用于在 HTML 页面上显示表格式数据以及对文本和图形进行布局。本任务详细讲述了如何使用 Dreamweaver CS6 建立表格，设置表格属性，在表格中添加数据内容，修改并调整单元格，如何合并、拆分单元格，添加和删除行、列，以及插入其他源表格等。通过本任务的学习，学会创建表格，设置表格及单元格的属性值，在表格中添加数据，插入其他源的表格等。

二、实施说明

在开始使用表格进行网页布局前，首先对表格各部分名称进行介绍；再根据对表格的了解在 Dreamweaver 中插入表格，进行表格中内容的添加学习，以及表格的拆分、合并、删除，表格数据的导入，表格和单元格的属性设置等，逐步掌握网页中表格基本结构。在此过程中要注意学习表格的结构形式，表格的合并、拆分，表格的属性设置等，最终能利用表格进行网页的整体布局。

三、实现步骤

（一）子任务 1　认识表格

在网页设计中，表格可以用来布局排版，进行网页的整体布局。在开始使用表格之前，首先对表格各部分的名称进行介绍，如图 7-3-1 所示。正如 Word 中所讲述的表格一样，一张表格横向叫行，纵向叫列，行列交叉的部分称为单元格。单元格是网页布局的最小单位。有时为了布局需要，可以在单元格内插入新的表格，有时可能需要在表格中反复插入新表格，以实现更复杂的布局。单元格中内容和边框之间的距离称为边距，单元格和单元格之间的距离称为间距，整张表格的边缘称为边框。

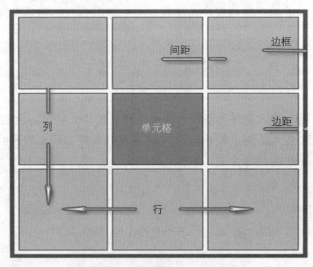

图 7-3-1　表格各部分的名称

另外，在代码视图中，如果要定义一个表格，就要使用<Table>...</Table>标记。表格的每一行使用<TR>...</TR>标记，表格中的内容要用<TD>...</TD>标记。表列实际上是存在于表的行中。建立图 7-3-1 所示的表格需要如下的 HTML 代码：

```
<body>
<table width="200" border="1">
  <tr>
    <td> </td>
    <td> </td>
    <td> </td>
  </tr>
  <tr>
    <td> </td>
    <td> </td>
    <td> </td>
  </tr>
  <tr>
    <td> </td>
    <td> </td>
    <td> </td>
  </tr>
</table>
```

利用<Table>标记来告诉计算机定义一个表格，BORDER=1 是设定表格的框线粗细。一级<TR>…</TR>是设定一个行的开始，一级<TD>…</TD>则是设定一个列，文字就写在这里面。另外，用户还可以自己设定表格的"宽"及"高"，如<table width="200" border="1" height="600">表示表格的宽为 200 像素、高为 600 像素；利用 align="center"可以让表格对象居中对齐；利用 bgcolor="#FF0000"将表格的背景颜色设为红色。这些是表格的一些常用属性。

（二）子任务 2　使用表格

表格是用于在页面上显示表格式数据以及对文本、图形进行布局的工具，它可以控制文本和图形在页面上出现的位置。在 Dreamweaver 中，使用者可以插入表格并设置表格的相关属性。

使用 Dreamweaver 创建一个表格并对表格设置基本参数，具体操作过程如下：

步骤 1：创建一个表格。

将光标停放在页面中需要创建表格的地方，有以下三种方法可以实现：

- 执行"插入"｜"表格"命令。
- 快捷键<Ctrl>+<Alt>+<T>。
- 单击工具栏"布局"或"常用"面板上的"表格"按钮，如图 7-3-2 所示。

图 7-3-2　插入表格按钮

步骤 2：设置表格基本属性值。

完成第一步操作，即可打开"表格"对话框，再按图 7-3-3 所示输入想要创建表格的行列数、表格宽度、边框粗细值、单元格边距和单元格间距的值，设置完各项属性值后，即可创建一个表格。

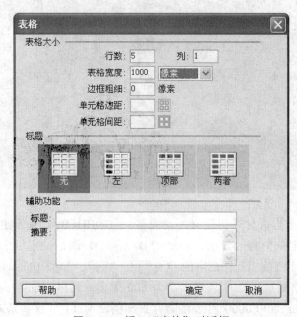

图 7-3-3　插入"表格"对话框

步骤 3：创建表格成功。

点击"确定"按钮，就会在页面中插入一个表格，如图 7-3-4 所示。

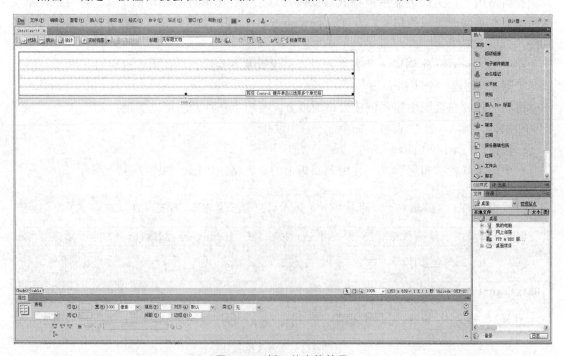

图 7-3-4　插入的表格效果

步骤 4： 插入内容。

可以在单元格内插入文本或者图片的元素，如图 7-3-5 所示。

图 7-3-5　表格中输入图像或效果

（三）子任务 3　编辑表格

1.选择整个表格

将光标悬放到表格的上边框外缘或下边框外缘（光标呈现表格光标）；或者把光标悬放在表格的右边框上、下边框上或单元格内边框的任何地方（光标呈现平行线光标），单击鼠标左键即可选中整个表格。

将光标放置在表格的任意一个单元格内，单击鼠标左键，之后单击页面窗口左下角的"<table>"标签，即可选中整个表格。

2. 选择表格元素

选择表格的行或列，有以下三种操作可以实现：

将光标定位于行的左边缘或列的最上端，当光标变成黑色箭头时单击即可。

在单元格内单击，按住鼠标左键，然后按照箭头方向，平行拖动或者向下拖动就可以选择多行或者多列。

按住 Ctrl 键，用鼠标左键分别单击欲选择的多行或者多列，这种方法可以比较灵活地选择多行或者多列。

3. 编辑表格属性

执行"窗口"→"属性"命令，打开"属性"面板，在面板中会显示所选中表格的相关属性值，修改相应字段值即可改变表格的各项属性，如图 7-3-6 所示。

图 7-3-6　表格属性面板

4. 设置单元格属性

只要把光标放到某个单元格内单击鼠标就可选定此单元格。设置单元格属性的具体操作步骤如下：

将光标置于单元格内，执行"窗口"｜"属性"命令，此时在打开的"属性"面板中修改各字段值，如图 7-3-7 所示。

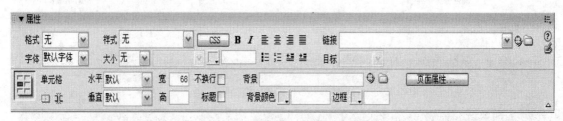

图 7-3-7　表格中单元格属性

（四）子任务 4　导入表格数据

导入表格数据的步骤：

步骤 1： 执行下列操作之一。

• 选择"文件"｜"导入"｜"表格式数据"。

• 在"插入"面板的"数据"类别中，单击"导入表格式数据"图标。

• 选择"插入"｜"表格对象"｜"导入表格式数据"。

步骤 2： 指定表格式数据选项，如图 7-3-8 所示，然后单击"确定"。

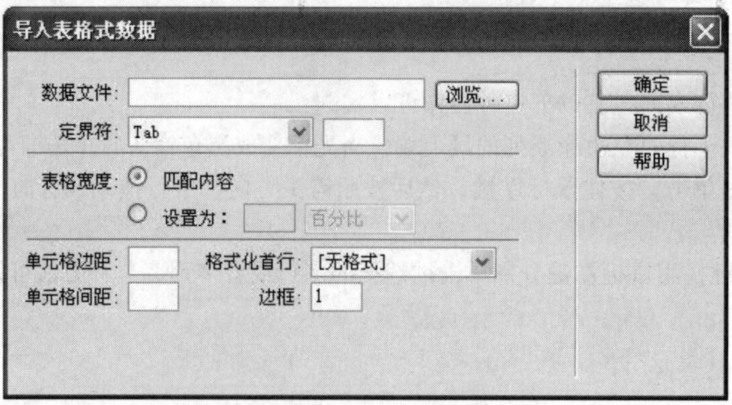

图 7-3-8　表格中导入数据

其中，数据文件：要导入的文件的名称。单击"浏览"按钮选择一个文件。

定界符：要导入的文件中所使用的分隔符。如果选择"其他"，则弹出菜单的右侧会出现一个文本框。输入您的文件中使用的分隔符。

注：将定界符指定为先前保存数据文件时所使用的分隔符。如果不这样做，则无法正确地导入文件，也无法在表格中对您的数据格式设置正确。

选择"匹配内容"，使每列足够宽以适应该列中最长的文本字符串。

选择"设置为"，以像素为单位指定固定的表格宽度，或按占浏览器窗口宽度的百分比指定表格宽度。

（五）子任务 5　使用表格规划个人简历案例

步骤 1：新建一网页，先插入一个 div，在里面设置标题"我的简历"，如图 7-3-9 所示。

```
<div style="padding:10px"><i class="icon-play"></i><strong>我的简历</strong></div>
```

图 7-3-9　个人简历标题

步骤 2：新插入一个 div 布局，在 div 内插入 1 行 1 列的表格，如图 7-3-10 所示；在单元格里面再插入 8 行 5 列的表格，如图 7-3-11 所示。

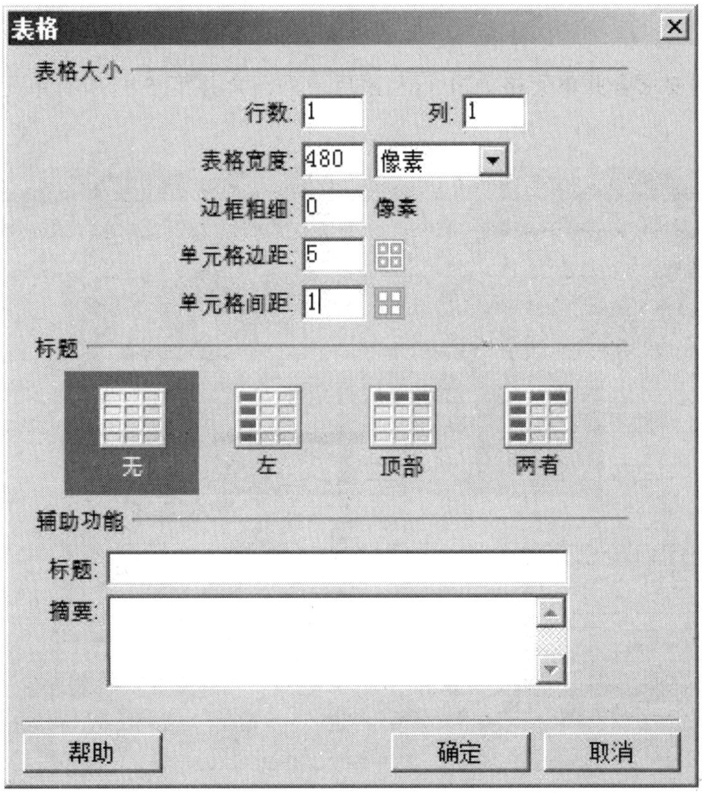

图 7-3-10　插入 1 行 1 列表格

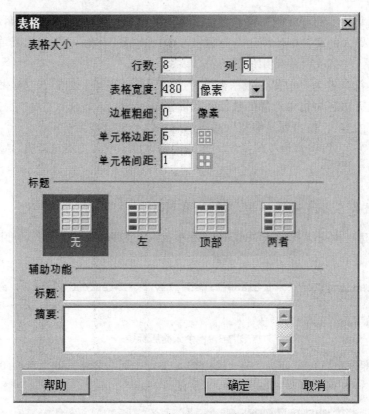

图 7-3-11　插入 8 行 5 列表格

步骤 3：根据要求合并单元格前 4 行和最后一列，合并第 5 行所有单元格，如图 7-3-12 所示。

图 7-3-12　合并单元格

步骤 4：根据设计要求完善个人简历内容，并在单元格里录入相关数据，完成后效果如图 7-3-13 所示。

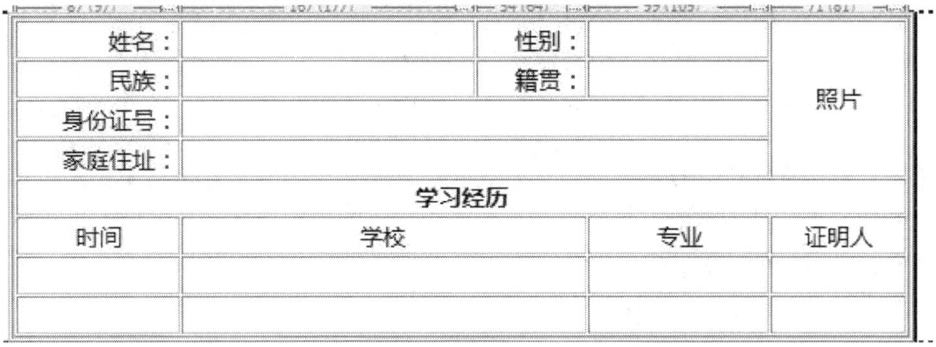

图 7-3-13 完善内容后表格

步骤 5：通过浏览器浏览网页，效果如图 7-3-14 所示。

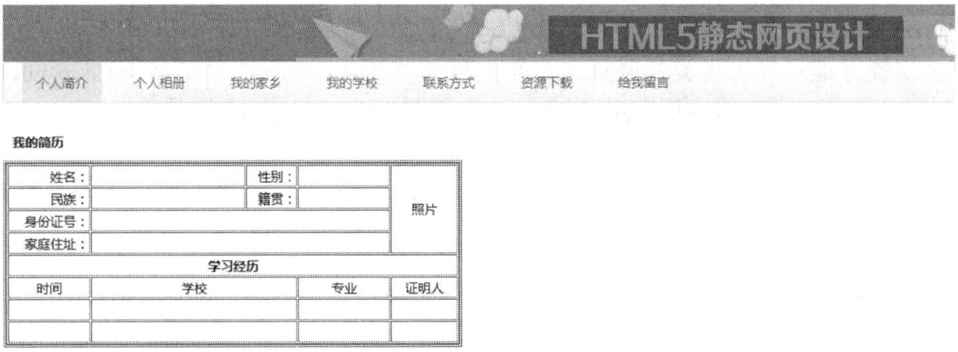

图 7-3-14 表格预览效果

四、知识小结

本模块主要讲解了表格的使用以及如何使用布局表格进行网页布局。大家应掌握表格的基本操作，以及如何选择、合并、拆分表格及向表格添加内容。

通过本任务的学习，了解和掌握表格如何创建和表格的基本结构；能运用表格进行一般网页的页面布局、排版；能在表格插入图像和文字元素；完成网页中的一些常规布局工作等。同时能在网页的设计中灵活运用表格的合并、拆分、对齐方式等。

任务四 设置表格的样式

一、任务描述

简单的表格是无法满足网页设计与制作需要的，在实际使用表格组织数据时，为了让表格呈现出良好的视觉效果，需要利用 CSS 对表格内的标签加以精确控制。因此本任务就是对网页中表格的样式进行定义、修改、优化。通过本任务的学习，能设定表格的边框线，细线表格，表格的背景，边框线颜色，表格的宽、高，单元格的位置距离等样式。

二、实施说明

本任务主要是通过利用 Dreamweaver CS6 插入表格，学习掌握在表格中添加内容、定义和引用表格样式等。具体学习方式是通过几个案例的实际操作演练，从案例中逐步掌握表格样式的定义、引用、布局等，从而为以后能布局一些漂亮的网页打下基础。

三、实现步骤

（一）子任务一　表格类 CSS 属性

在 XHTML 中与表格相关的标签有 table、th、tr、td 等，而在实际工作中只有熟练掌握这些标签的属性才能布局出优美的网页来。与表格相关的 CSS 属性主要有 border-collapse、border-spacing、caption-side 和 empty-cells，更为详细的解释见表 7-4-1 所示。

表 7-4-1　表格中常用的 CSS 属性

属性	属性值及其含义		说明
border-collapse	separate	边框独立	设置表格的行和单元格的边框是否合并在一起
	collapse	边框合并	
border-spacing	length	由浮点数字和单位标识符组成的长度值，不可为负值	当设置表格为边框独立时，行和单元格的边在横向和纵向上的间距。当指定一个 length 值时，这个值将作用于横向和纵向的间距；当指定了两个 length 值时，第一个作用于横向间距，第二个作用于纵向间距
caption-side	top	caption	设置表格的 caption 对象是在表格的哪一边，它是和 caption 对象一起使用的属性
	right	caption	
	bottom	caption	
	left	caption	
empty-cells	Show（默认值）	显示边框	设置表格的单元格无内容时，是否显示该单元格的边框（仅当表格行和列的边框独立时此属性才生效）
	hide	隐藏边框	

（二）子任务二　案例

这些属性主要是作为控制表格的基础属性出现，如果需要更加漂亮的效果，则还需增加背景色、背景图和辅助图像等美化元素。为了更加容易地理解有关表格的 CSS 属性，这里以案例形式进行讲解。

要求:利用表格的CSS属性修改上面创建的个人简历表格样式,修改完成后效果如图7-4-1所示。

▶我的简历

姓名:		性别:		照片
民族:		籍贯:		
身份证号:				
家庭住址:				
学习经历				
时间	学校		专业	证明人

图 7-4-1 表格 CSS 属性应用效果

步骤 1:为了达到细线表格效果,选中任务一中创建好的表格,在设计视图中设置表格的边框为 0,进入拆分视图中的代码,为表格添加背景色为#999999,如图 7-4-2 所示。

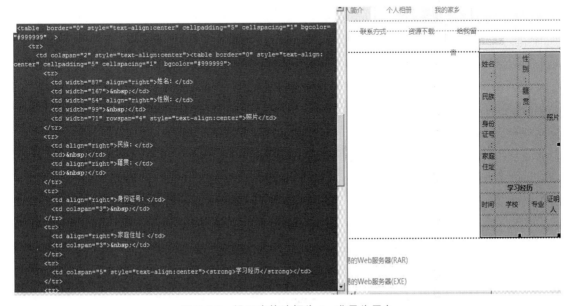

图 7-4-2 设置表格边框为 0,背景为黑色

步骤 2:切换到"设计"视图,选中所有的单元格,设置单元格的背景色为白色,如图 7-4-3 所示。保存当前文档,通过浏览器预览可以看到效果,如图 7-4-4 所示。

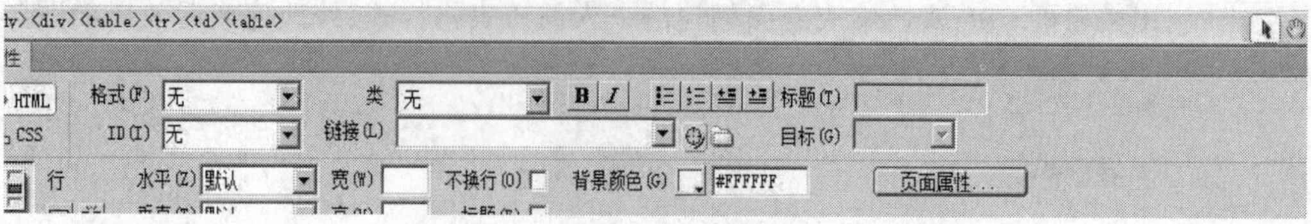

图 7-4-3　设置表格单元格背景为白色

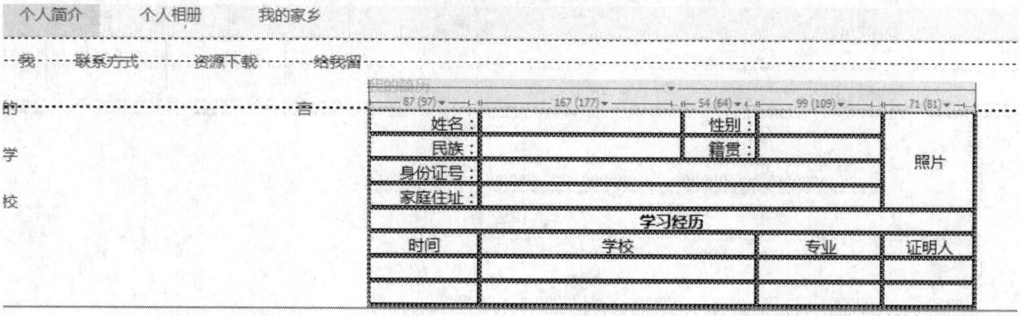

图 7-4-4　当前效果

步骤3：通过上面的步骤，表格基本上已经达到了细线表格的效果，但是整体效果还不那么完美，现需要定义样式表来达到更好的效果。先在样式表中定义如下几个类，具体的 CSS 规则如图 7-4-5 所示。

```css
table {
  max-width: 100%;
  background-color: transparent;
  border-collapse: collapse;
  border-spacing: 0;
}

.table {
  width: 100%;
  margin-bottom: 20px;
}

.table th,
.table td {
  padding: 8px;
  line-height: 20px;
  text-align: left;
  vertical-align: top;
  border-top: 1px solid #dddddd;
}

.table th {
  font-weight: bold;
}

.table thead th {
  vertical-align: bottom;
}

.table .table {
  background-color: #ffffff;
}
```

```
.table-bordered {
  border: 1px solid #dddddd;
  border-collapse: separate;
  *border-collapse: collapse;
  border-left: 0;
  -webkit-border-radius: 4px;
     -moz-border-radius: 4px;
           border-radius: 4px;
}
.table-bordered th,
.table-bordered td {
  border-left: 1px solid #dddddd;
}
.table-hover tbody tr:hover > td,
.table-hover tbody tr:hover > th {
  background-color: #f5f5f5;
}
```

图 7-4-5　CSS 类定义表格样式规则

步骤 4：保存当前页面文档，通过浏览器预览即可看到效果，如图 7-4-6 所示。

图 7-4-6　表格应用最终效果图

四、知识小结

通过对本任务的学习，了解和掌握表格的设计和样式的定义，并能在网页设计中运用样式美化表格，进行结构的调整与布局。

项目八　媒体与表单

【项目简介】

网页是构成网站的基本元素，而多媒体、文字、图片和音乐等又是网页的基本元素。这些基本元素的使用不但是制作网页的基本要求，同时也是创建一个美观、形象和生动网页的基础。通过本项目的学习，掌握添加和编辑网页中各种元素的方法，以便制作出丰富多彩的网页，为整个网站添加活力做好准备工作。

【学习目标】

（1）了解网页构成的基本元素。
（2）掌握制作有背景音乐网站的方法。
（3）掌握为网页添加多媒体元素的方法。
（4）掌握为网页添加 Flash 文件的方法。

任务一　添加音乐播放器与背景音乐

一、任务描述

现在很多网站管理者为突出自己的个性，都喜欢添加自己喜欢的音乐，而背景音乐就能营造这样一种气氛。本任务就是为网站中的 music.html 网页文档添加背景音乐，以提升和突出网站个性。

二、实施说明

本任务主要是通过新建网页 music.html，并为其插入一背景音乐，从而学习了解网页中插入音乐文件作为背景音乐的方法；同时再对音乐中一些属性进行设置，最终能熟练地在网页中添加背景音乐并设置完善的相关属性。

注：主要描述实施该任务的思路和需要注意的问题。

三、实现步骤

下面是创建背景音乐的具体步骤（此任务的背景音乐素材放于本章素材 "images" 文件夹中或扫描封底二维码获取）。

步骤 1：执行 "文件" | "新建" 命令，新建一个空白文档，命名为 "music.html"。

步骤 2：将光标置于页面，单击 "插入" 栏 "常用" 类别中的 "媒体" | "插件" 选项，如图 8-1-1 所示。

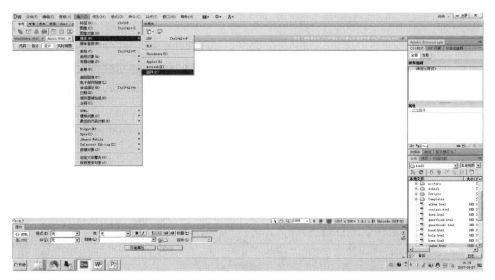

图 8-1-1　选择 "插件" 选项

步骤 3：弹出"选择文件"对话框，选择本章素材文件文件夹中 images 文件夹中的"images\lmmw.mp3"（可通过扫描封底二维码获取），如图 8-1-2 所示。

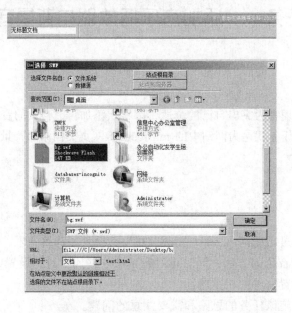

图 8-1-2　选择 Flash

步骤 4：保存文件，按"F12"键，在浏览器中浏览，页面加载后会听到音乐，并且页面上会有一个播放条。

注：如果想隐藏页面中播放时存在的滚动条，可在属性面板中设置。单击"属性"面板中"参数"按钮，在弹出的对话框中添加新参数"HIDDEN"，设置其值为"TRUE"，如图 8-1-3 所示。再次按"F12"键进行预览，可发现页面上已没有播放条。

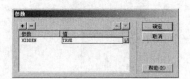

图 8-1-3　设置背景音乐播放隐藏滚动条

四、知识小结

通过本任务的学习，读者能够运用 Adobe Dreamweaver 菜单栏中"媒体""插件"在网页中插入背景音乐文件，并设置文件属性，更好地为网页添加活力。

任务二　添加视频与 Flash

一、任务描述

多媒体技术是当今 Internet 持续流行的一个重要动力，因此，对网页设计也提出了更高要求。在 Dreamweaver CS6 中，可以快速、方便地为网页添加声音、影片等多媒体内容，使网页更加生动；还可以插入和编辑多媒体文件和对象，如 Flash 动画、Java Applets、ActiveX 控件等。

二、实施说明

本任务主要是通过三个子任务分别完成插入 Flash 对象、影片文件、属性的学习，最终能熟练地在网页中插入多媒体内容和设置完善相关属性。

三、实现步骤

（一）插入 Flash 对象

目前，Flash 动画是网页上最流行的动画格式，被大量用于网页中。在 Dreamweaver 中，Flash 直通车也是最常用的多媒体插件之一，它将声音、图像和动画等内容加入一个文件中，并能制作较好的动画效果；同时还使用了优化的算法将多媒体数据进行压缩，使文件变得很小，因此，非常适合在网络上传播。

具体操作步骤：

下面是插入 Flash 对象的步骤（本任务中所用素材在"module04\4_5"文件夹中，可通过扫描封底二维码获取）。

步骤 1：执行"文件"丨"新建"命令，新建一个空白文档。

步骤 2：将光标置于要插入 Flash 的地方，单击"插入"栏"常用"类别中的"媒体"丨"Flash"选项，如图 8-2-1 所示。

步骤 3：弹出"选择 SWF"对话框，选择本章节素材文件文件夹中 images 文件夹中的"bg.swf"（可通过扫描封底二维码获取），如图 8-2-2 所示。

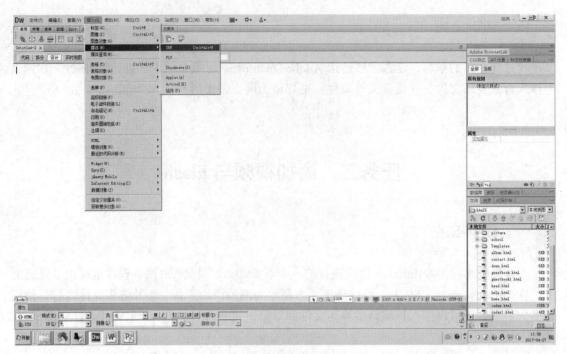

图 8-2-1　插入 Flash

图 8-2-2　选择 Flash

步骤 4：单击"确定"按钮，Flash 对象插入完成。

步骤 5：保存文件，取名为"flash.html"文件名。按"F12"键在浏览器中浏览，效果如图 8-2-3 所示。

图 8-2-3　网页预览效果

（二）设置 Flash 对象属性

在编辑窗口中单击 Flash 文件，可以在属性面板中设置该文件的属性，如图 8-2-4 所示。

图 8-2-4　Flash 属性面板

Flash 属性面板参数设置（与"图像"重复的属性这里不再做详细讲解）如下：

（1）"循环"：设置影片在预览网页时自动循环播放。

（2）"自动播放"：设置 Flash 文件在页面加载时播放，建议选中。

（3）"品质"：在 Flash 播放期间控制失真度。

① "低品质"：更看重速度，而非外观。

② "高品质"：更看重外观，而非速度。

③ "自动低品质"：首先看重速度，但如有可能请改善外观。

④ "自动高品质"：首先看重品质，但根据需要可能会因为速度而影响外观。

（4）"比例"：设置 Flash 对象的绽放方式。可以选择"默认（全部显示）""无边框""严格匹配"3 种。在影片播放期间控制失真度。

（5）"播放"：在编辑窗口中预览选中的 Flash 文件。

（6）"参数"：打开"参数"对话框，为 Flash 文件设定一些特有的参数。

（三）网页中插入影片

Shockwave 影片是一种很好的压缩格式，它被目前的主流浏览器（如 IE 和 Netscape）支持，可以被快速下载。

网页中插入影片具体操作步骤：

步骤 1：执行 "文件" | "新建"命令，新建一个空白 html 文档。

步骤 2：将光标置于要插入影片的地方，单击"插入"栏"常用"类别中的"媒体" | "Shockwave"选项，如图 8-2-5 所示。

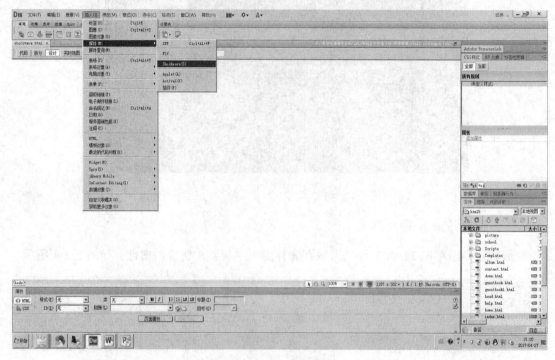

图 8-2-5　插入 Shockwave

步骤 3：弹出"选择文件"对话框，选择本章节所需要素材 video.mpeg 文件（可通过扫描封底二维码获取）到文件夹中 images 文件夹下，如图 8-2-6 所示。

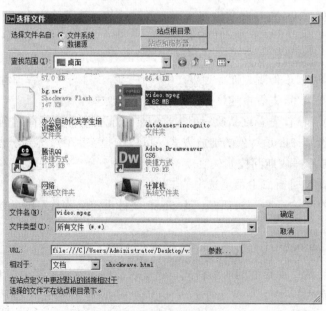

图 8-2-6　选择影片文件

步骤 4：单击"确定"按钮，Shockwave 对象插入完成。

步骤5：保存"Shockwave.html"文件，按"F12"键在浏览器中预览，点击"下载并打开"可以观看视频文件，如图 8-2-7 所示。

图 8-2-7　网页中影响文件观看效果

四、知识小结

通过对本任务的学习，能够运用 Adobe Dreamweaver 菜单栏中工具完成在网页中插入影片文件和 Flash 文件，并设置文件属性，为网页添加活力。

任务三　创建表单及元素

一、任务描述

目前很多网站都要求访问者填写表单进行注册以收集用户资料、获取用户订单、登录用户等，表单已成为网站实现互动功能的重要组成部分。表单是网页管理者与访问者之间进行动态数据交换的一种交互方式。

从表单的工作方式来看，表单在开发过程中分为两部分：一是在网页上制作具体表单项目，这一部分称为前端，主要是在 Dreamweaver 中制作完成；另一部分是编写处理表单信息的应用程序，这一部分称为后端，如 JSP、ASPX、CGI、PHP ASP 等。本任务主要讲解前端设计，后台开发实现将在后面介绍。

通过本节内容的学习，掌握各种表单的创建及使用方法，并能够借助 CSS 对表单进行美化。

二、实施说明

本任务主要是通过设计制作一个在线留言簿页面来进行本项目的学习掌握。通过本项目的学习，能够熟练掌握创建表单、添加表单字段的方法，以及创建 CSS 样式表、定义相应的样式类对表单进行美化等。

三、实现步骤

（一）认识表单对象

表单相当于一个容器，它容纳了承载数据的表单对象，其中包含文本框、复选框、单选按钮、复选框、弹出菜单等其他对象。一个完整的表单至少包括两部分：表单及表单对象，两者缺一不可。

用户可以通过单击"插入"｜"表单"来插入表单对象，或者通过"插入"的"表单"面板来插入表单对象，如图 8-3-1 所示。

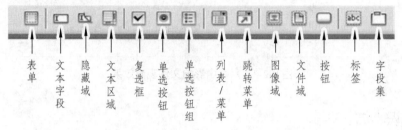

图 8-3-1   "插入"栏"表单"面板

（1）表单：在文档中插入表单，任何其他表单对象如文本域、按钮等，都必须插入表单之中，这样，所有的浏览器才能正确处理这些数据。

（2）文本字段：文本字段可接受任何类型的字母或数字项。输入的文本可以显示为单行、多行或者显示为项目符号或星号（用于保护密码）。文本框用来输入比较简单的信息。

（3）文本区域：如果需要输入建议、需求等大段文字，这时通常使用带有滚动条的文本区域。

（4）隐藏域：可以在表单中插入一个可以存储用户数据的域。使用隐藏域可以存储用户输入的信息，如姓名、电子邮件地址等，以便该用户下次访问站点时可以再次使用这些数据。

（5）复选框：在表单中插入复选框。复选框允许在一组选项中选择多项，即用户可以选择任意多个适用的选项。

（6）单选按钮：在表单中插入单选按钮。单选按钮代表互相排斥的选择，即选择一组中的某个按钮，就会取消选择该组中的所有其他按钮。例如，用户可以选择"是"或"否"。

（7）单选按钮组：插入共享同一名称的单选按钮的集合。

（8）列表/菜单：可以在列表中创建用户选项。"列表"选项在滚动列表中显示选项值，并允许用户在列表中选择多个选项。"菜单"选项在弹出式菜单中显示选项值，而且只允许用户选择一个选项。

（9）跳转菜单：插入可导航的列表或弹出式菜单。弹出式菜单允许插入一种菜单，在这个菜单中的每个选项都链接到文档或文件。

（二）留言簿网页 guest.html 的创建及表单内容的添加

步骤 1：启动 Adobe Dreamweaver CS6，创建一空白的 html5 文档，并保存名为 guest.html 的网页，如图 8-3-2 所示。

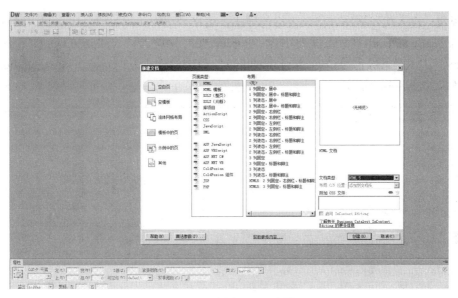

图 8-3-2　创建 html5 文档

步骤 2：在 Adobe Dreamweaver CS6 "设计" 视图中，点击 "插入" ｜ "表单" ｜ "表单"，在表单内 form 中插入<div class="container"></div>，完成后效果如图 8-3-3 所示。

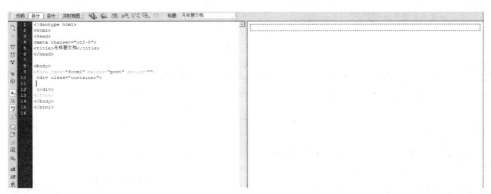

图 8-3-3　插入表单

步骤 3：在图 8-3-3 的 div 中插入 8 行 2 列的表格，如图 8-3-4 所示。

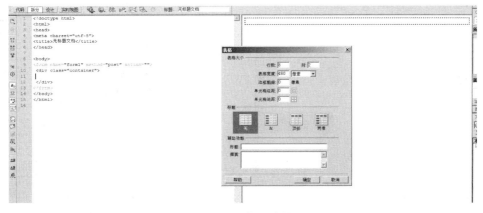

图 8-3-4　插入表格

步骤 4：进入代码视图，修改表格的样式：表格最宽为：style="max-width:480px;"，对齐方式为：align="center"，边框大小为：border="0"，填充为：cellpadding="5"，间距为：cellspacing="1"，背景颜色为：bgcolor="#999999"，引用的样式为：class="table table-bordered"，完成后效果如图 8-3-5 所示。

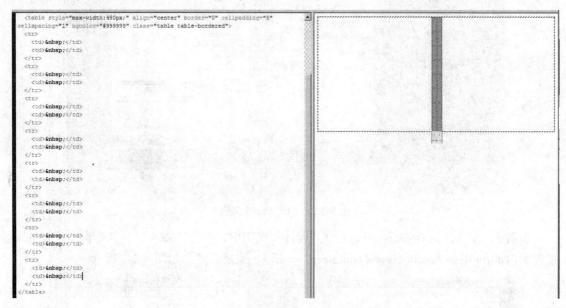

图 8-3-5　修改表格样式

步骤 5：对表格中的单元格样式进行修改：合并首行两列单元格。具体操作为：点击鼠标右键，选择"表格"，再选择"合并单元格"，如图 8-3-6 所示。同理，合并最底行两列单元格。

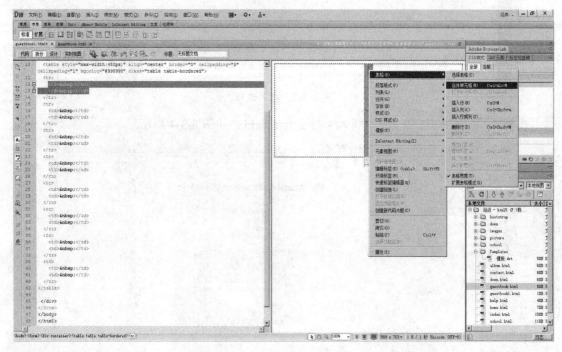

图 8-3-6　合并首先单元格

步骤 6：对单元格样式进行修改：全表格单元格背景颜色为白色（#FFF）。具体操作为：切换到设计视图，选中所有单元格，背景颜色为白色即可，如图 8-3-7 所示。

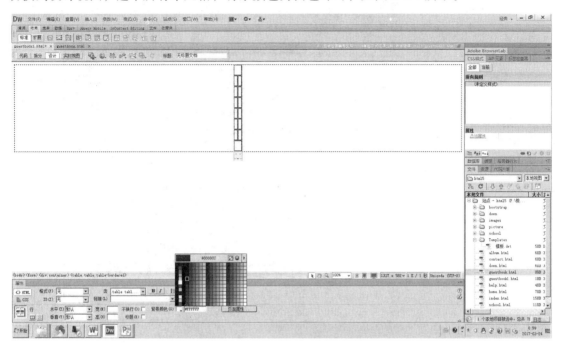

图 8-3-7 统一设置单元格背景颜色

步骤 7：完成表格中内容的布局和相应字段的插入：首行输入留言标题为"给我留言"，在表格姓名后面插入文本域字段，取名为 xm，如图 8-3-8 所示。

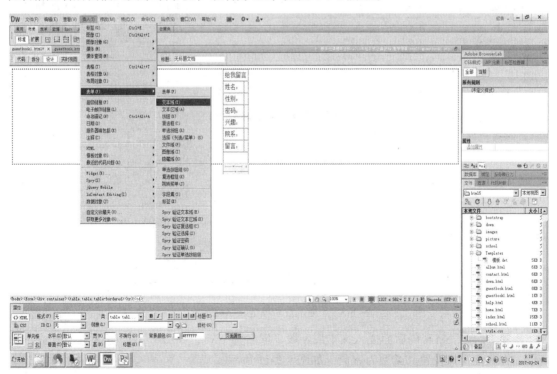

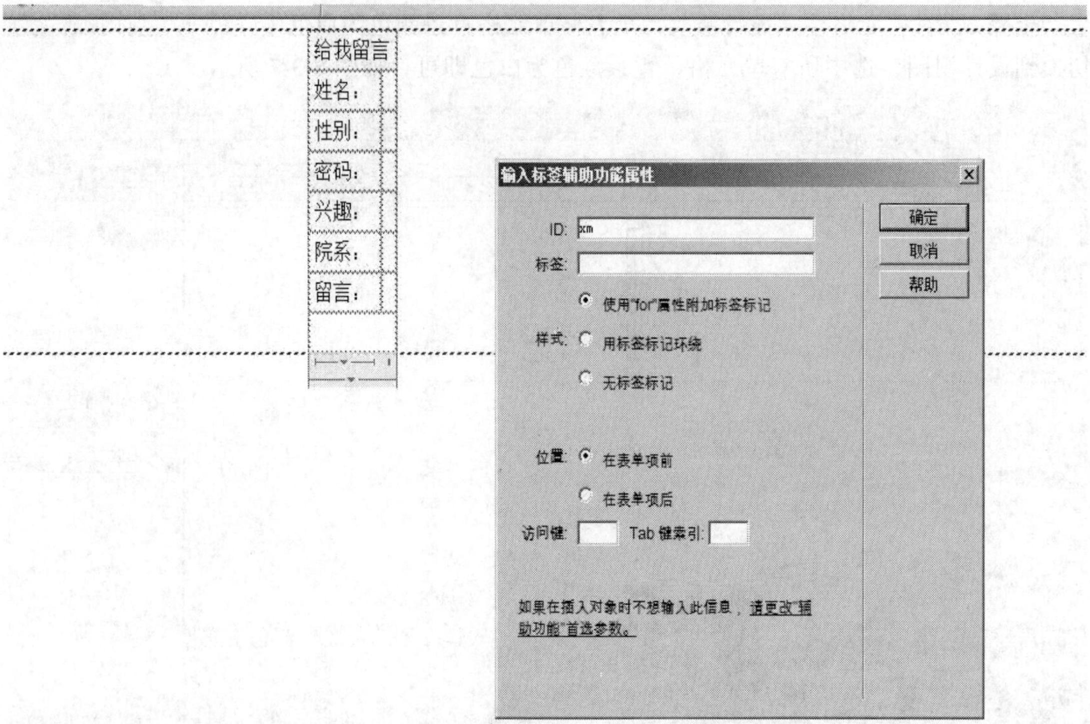

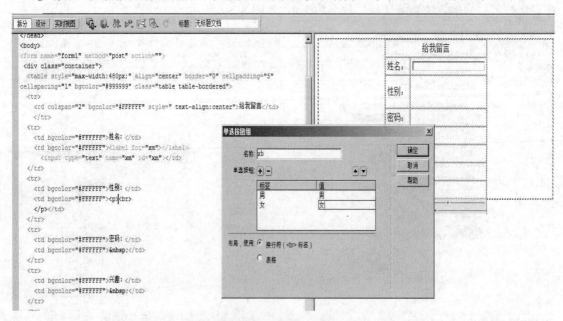

图 8-3-8　插入姓名文本域字段

步骤 8：在表格性别后面插入单选按钮组字段，取名为 xb，如图 8-3-9 所示。

图 8-3-9　插入性别单选按钮组字段

步骤 9：在表格密码后面插入文本域字段，取名为 pwd，如图 8-3-10 所示。选中文本域字段，在属性窗口设置其类型为密码，如图 8-3-11 所示。

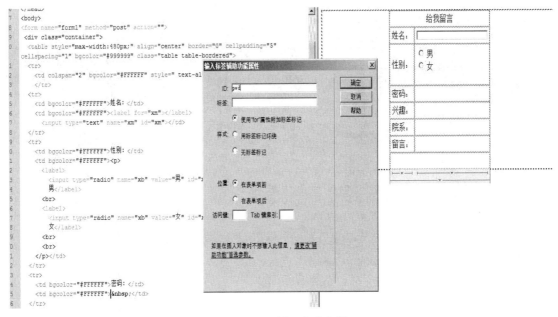

图 8-3-10　插入密码字段

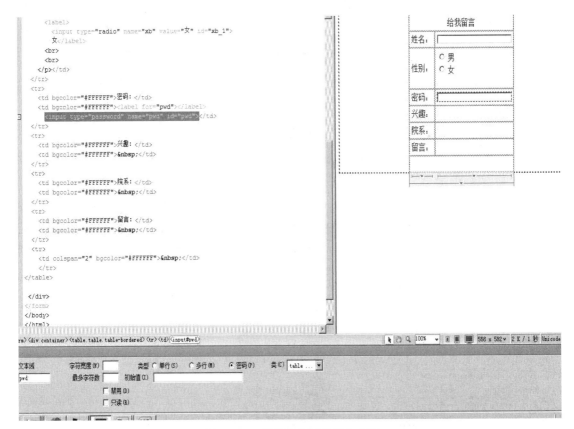

图 8-3-11　设置文本域类型为密码

步骤 10：在表格兴趣后面插入复选框组字段，取名为 xq，并根据实际情况输入相应内容，如图 8-3-12 所示。

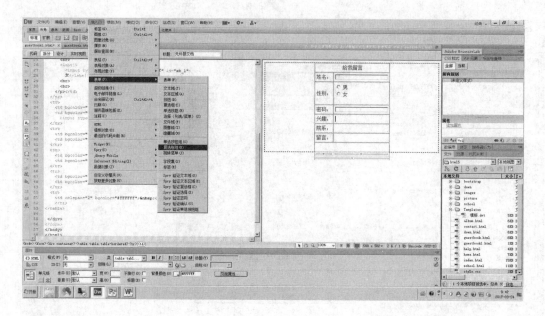

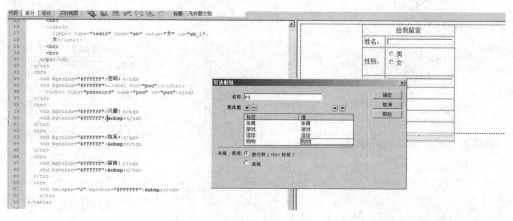

图 8-3-12 插入兴趣复选框组字段

步骤 11: 在单元格院系后面插入列表框字段, 取名为 yx, 如图 8-3-13 所示。插入成功后选中列表字段, 点击属性下面的列表值, 分别录入自己需要的内容。

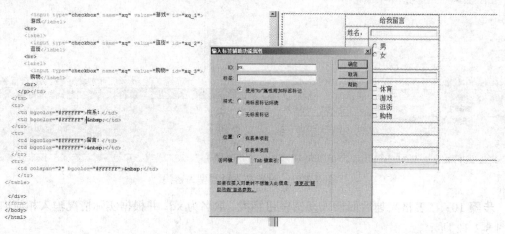

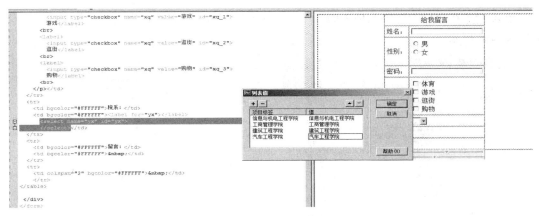

图 8-3-13　插入院系列表框字段

步骤 12：在单元格留言后面插入文本区域字段，取名为 ly，如图 8-3-14 所示。

图 8-3-14　插入留言文本区域字段

步骤 13：在最后一行单元格中插入提交按钮，取名为 btnsave，如图 8-3-15 所示。

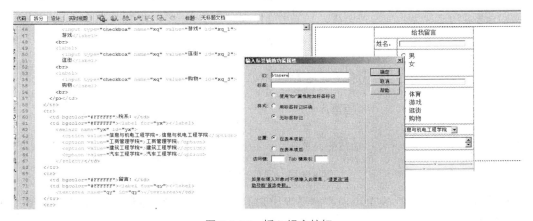

图 8-3-15　插入提交按钮

步骤 14：在最后一行单元格中插入按钮，选中按钮后，在属性栏中选择动作类型为重置，如图 8-3-16 所示。

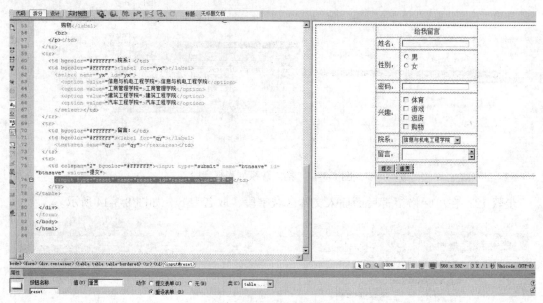

图 8-3-16　插入重置按钮

步骤 15：保存当前文档，通过浏览器预览后的效果如图 8-3-17 所示。

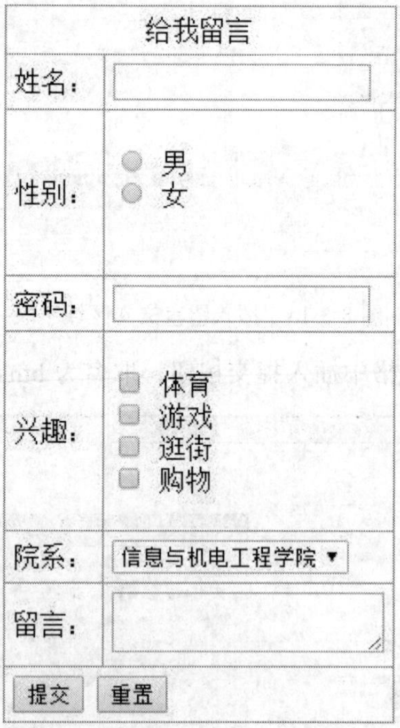

图 8-3-17　网页运行效果

通过预览效果可见，表单中内容能展现出来但样式不是那么美观，所以接下来需要对表单添加样式。

四、知识小结

通过对本任务的学习，能够运用 Adobe Dreamweaver 根据网页需要，快速完成表单的创建和表单对象的创建，并进行简单的布局。

任务四 设置表单的样式

一、任务描述

表单的创建非常简单，但是要想让表单看起来大气、优美，就需要定义表单样式。在 CSS 中没有特别用于表单的专有属性，这里使用 CSS 样式表对表单进行控制，其实就是对表单域中的元素进行美化。下面以美化提交信息页面为例，介绍 CSS 是如何控制表单的。通过本任务的学习，掌握各种表单样式优化的方法，并借助 CSS 对表单进行美化。

二、实施说明

本任务主要介绍对留言表单界面进行样式优化的示例。通过本项目的学习能够熟练掌握创建表单、添加表单字段的方法，并能掌握 CSS 样式表的创建方法，以及定义相应的样式类对表单进行美化。同时，在进行样式表优化的过程中，一定要注意所定义的类的名字要有意义，以方便阅读和修改，并且是要有针对性的定义。

三、实现步骤

优化表单中表格及各单元格样式：

步骤 1：定义一个 CSS 样式表文件 style.css，.form-inline 用于定义表单样式。titlefont 用于定义留言标题样式，.td_bline 用于定义边框样式。具体样式代码如图 8-4-1 所示。

```
@charset "utf-8";
/* CSS Document */

.form-inline {
    display: inline-block;
    *display: inline;
    margin-bottom: 0;
    vertical-align: middle;
    *zoom: 1;
}

.titlefont {
    font-size: 24px;
    font-weight: bold;
}
.td_bline {
    border-bottom-width: 1px;
    border-bottom-style: solid;
    border-bottom-color: #999;
    border-top-style: none;
    border-right-style: none;
    border-left-style: none;
}
```

图 8-4-1 style.css 样式表

步骤 2：在网页表单中引用自定义的样式.form-inline，方法如图 8-4-2 所示。

```
<div style="padding:10px; min-height:200px">
<form name="form1" method="post" action="" class="form-inline">
```

图 8-4-2　表单中引用样式

步骤 3：在网页表格中引用自定义的样式 table table-bordered，方法如图 8-4-3 所示。

```
<table style="max-width:480px;" align="center" border="0" cellpadding="5" cellspacing="1" bgcolor
="#999999" class="table table-bordered">
```

图 8-4-3　表格中引用样式

步骤 4：在网页表格中的文本域字段引用自定义的样式.td_bline，方法如图 8-4-4 所示。

```
<td width="353" bgcolor="#FFFFFF"><input name="xm" type="text" class="td_bline" id="xm"
quired placeholder="请输入您 的姓名"></td>
```

图 8-4-4　表格中文本域引用样式

步骤 5：最后将性别和兴趣字段组中的换行"
"删除"再预览网页"效果如图 8-4-5 所示。 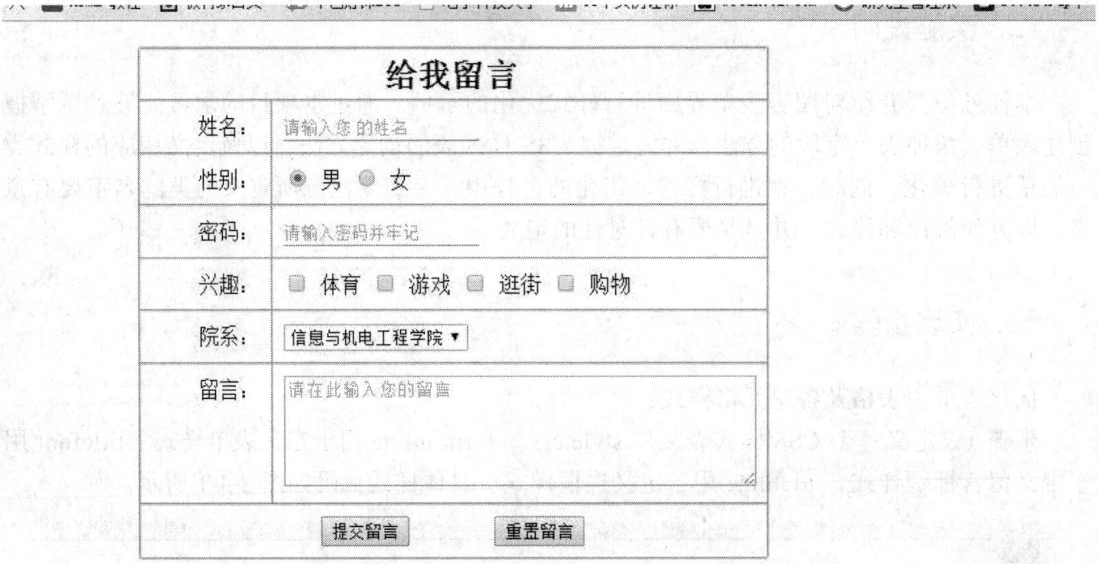

图 8-4-5　网页添加样式后效果

四、知识小结

通过对本任务的学习，读者能够运用 CSS 样式表对表单进行样式的定义和引用，能够对表单对象进行样式的定义和美化。

任务五　表单提交后传值的实现

一、任务描述

完成表单的创建和优化之后，接下来完成表单提交时的验证和传值功能。本任务的目的就是当我们点击"提交"按钮时，能把表单对象中的值传递到另一个页面中，从而实现动态数据的存取功能。本任务只是用简单的 asp 动态程序实现表单数据的传值功能。

二、实施说明

本任务主要讲解和练习对留言表单进行传值。通过一个留言表单的动态页面，实现表单中的动态传值和验证功能。此任务应注意，需要传值就要考虑是动态程序支持的页面，所以这里需要把原来的静态网页转化为动态页面才能实现动态传值功能的测试和练习。

三、实现步骤

步骤 1：在留言页面的表单中将 action=设置成提交到 save.asp 页面，如图 8-5-1 所示，再在 save.asp 页面输出相应的表单字段的内容。

```html
<html>
<head>
<meta charset="utf-8">
<title>在线留言</title>
<link rel="stylesheet" type="text/css" href="style1.css">

</head>
<body>
<div style="padding:10px; min-height:200px">
<form name="form1" method="post" action="save.asp" class="form-inline">
  <div class="container">
  <table style="max-width:480px;" align="center" border="0" cellpadding="5" cellspacing="1" bgcolor="#999999" class="table table-bordered">
    <tr>
      <td colspan="2"  style="text-align:center" bgcolor="#FFFFFF" class="titlefont">给我留言</td>
    </tr>
    <tr>
      <td width="104" style="text-align:right" bgcolor="#FFFFFF">姓名：</td>
      <td width="353" bgcolor="#FFFFFF"><input name="xm" type="text" class="td_bline" id="xm" required placeholder="请输入您 的姓名"></td>
    </tr>
    <tr>
      <td style="text-align:right" bgcolor="#FFFFFF">性别：</td>
      <td bgcolor="#FFFFFF">
        <label>
          <input name="xb" type="radio" id="xb_0" value="男" checked>
          男</label>
        <label>
          <input type="radio" name="xb" value="女" id="xb_1">
          女</label>
</td>
    </tr>
```

图 8-5-1　表单提交按钮设置

步骤 2：新建一动态网页 save.asp。步骤为："新建" | "空白页""asp vbscript"，如图 8-5-2 所示，保存为 save.asp，如图 8-5-3 所示。

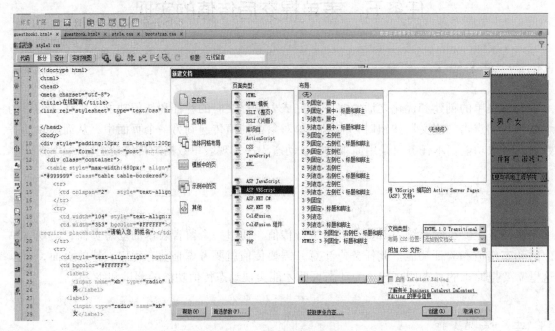

图 8-5-2　新建动态 asp 网页

图 8-5-3　保存为动态 asp 网页

步骤 3：在网页 body 内使用 asp 动态输出方法输出 guest.html 网页表单字段提交的内容，方法如图 8-5-4 所示。当输入相应内容点击提交后，输出界面效果如图 8-5-4 所示。

```
<%@LANGUAGE="VBSCRIPT" CODEPAGE="65001"%>
<!DOCTYPE html PUBLIC "-//W3C//DTD XHTML 1.0 Transitional//EN"
"http://www.w3.org/TR/xhtml1/DTD/xhtml1-transitional.dtd">
<html xmlns="http://www.w3.org/1999/xhtml">
<head>
<meta http-equiv="Content-Type" content="text/html; charset=utf-8" />
<title>无标题文档</title>
</head>

<body>
<%= request.Form("xm") %>
<%= request.Form("xb") %>
<%= request.Form("mm") %>
<%= request.Form("xq") %>
<%= request.Form("yx") %>
<%= request.Form("ly") %>
</body>
</html>
```

图 8-5-4   动态显示留言页面字段内容

77男555555体育，游戏信息与机电工程学院7777

图 8-5-5   输出界面

步骤 4：对输出结果页面调整格式，使每个输出字段后换行，调整后代码如图 8-5-6 所示，调整后输出界面如图 8-5-7 所示。

```
<%@LANGUAGE="VBSCRIPT" CODEPAGE="65001"%>
<!DOCTYPE html PUBLIC "-//W3C//DTD XHTML 1.0 Transitional//EN"
"http://www.w3.org/TR/xhtml1/DTD/xhtml1-transitional.dtd">
<html xmlns="http://www.w3.org/1999/xhtml">
<head>
<meta http-equiv="Content-Type" content="text/html; charset=utf-8" />
<title>无标题文档</title>
</head>

<body>
<%= request.Form("xm") %>
<br />
<%= request.Form("xb") %><br />
<%= request.Form("mm") %><br />
<%= request.Form("xq") %><br />
<%= request.Form("yx") %><br />
<%= request.Form("ly") %>
</body>
</html>
```

图 8-5-6   调整后代码

77
男
555555
体育，游戏
信息与机电工程学院
7777

图 8-5-7　调整后输出界面

四、知识小结

通过对本任务的学习，学会如何把表单内容提交到另一个页面上去，并能够在另一个页面把对象提交的内容输出。

参考文献

[1] 刘春茂. HTML5 网页设计案例课堂[M]. 2 版. 北京：清华大学出版社，2018.

[2] 周文洁. HTML5 网页前端设计实战[M]. 北京：清华大学出版社，2017.

[3] 王君学，牟建波. 网页设计与制作[M]. 2 版. 北京：人民邮电出版社，2016.

[4] 刘玉红，蒲娟. HTML5 网页设计案例课堂[M]. 北京：清华大学出版社，2016.

[5] 江平，汪晓青. HTML 与 CSS 程序设计项目化教程[M]. 武汉：华中科技大学出版社，2015.

[6] 张莉莉，岳守春. 网页设计与制作[M]. 重庆：重庆大学出版社，2014.